怖くて眠れなくなる化学

左巻健男
TAKEO SAMAKI

PHP

怖くて眠れなくなる化学

カバーデザイン　高柳雅人
カバーイラスト　山下以登

はじめに

本書は、『面白くて眠れなくなる化学』の姉妹書です。

化学は、化学物質の性質・その構造・その変化を研究する学問です。

化学物質というと、それだけでもう危険なものだと感じてしまうという人もいると思いますが、本書のＰａｒｔⅠの最初に示したように、化学物質は学校で学ぶ理科でさんざんでてきた物質のことなのです。

私たちの体も全部化学物質でできています。私たちが生きていくのに絶対必要な水・空気・食物も化学物質でできています。私たちのまわりには、化学と化学工業に関連したさまざまな製品があふれていますが、それらも化学物質でできています。

ＰａｒｔⅠは、身近に起こる化学変化にまつわる「怖い話」です。

水中に投げ込むと大きな水柱をあげて爆発するナトリウムと第一次世界大戦で初めて使われた毒ガス兵器の中身の塩素。そのナトリウムと塩素が化学変化を起こすと、私たちがいつも使っている調味料の食塩の主成分塩化ナトリウムになることから化学変化のイメージを浮かべてもらえればと思いました。

PartⅡは、電池発火が原因で飛行機が落ちた事故、爆薬処理の失敗で山が吹き飛んだ事故、史上最大の化学工場事故などを扱いました。インドのボーパールは私の二〇二〇年一月の旅先の一つでした。ボーパール化学工場事故について調べ、その化学工場のまわりを放浪し、小さな博物館を見て、経済優先で安全を蔑《ないがし》ろにすることの恐ろしさを実感しました。皆さんに是非知ってもらいたいと思いました。

PartⅢは、コロナ禍の中での消毒剤空間噴霧は効果があるかという話から生態系に悪影響をできるだけ与えない方向へと新しい化学物質を開発していかなければならない方向性を示して本書を締めることにしました。

実は、本書の姉妹書『面白くて眠れなくなる化学』でも、ドライアイスをペットボトルに密閉して破裂、ガス爆発、ニトログリセリンとダイナマイト、一酸化炭素中毒、毒物の代表――青酸化合物とヒ素、水中毒、しょう油がぶ飲みで死亡、マムシ・マダコに咬まれた話、毒ガスなど、「怖い話」もたくさん扱っていました。

本書は、『面白くて眠れなくなる化学』で扱った内容と重ならないように、テーマを考えました。ですから、是非、本書と合わせて『面白くて眠れなくなる化学』も楽しんでくださるようお願いいたします。

本書は、化学についての「怖い話」を扱うのですが、物事には光と陰、プラスとマイナスの両面があるものです。物事の両面をきちんと認識し、陰・マイナスをできるだけ少なくする方向へと歩を進めたいものです。

左巻健男

目次

Part I

身近な化学変化の恐ろしさ

Part Ⅱ

化学が巻き起こした事故の恐怖

Part Ⅲ

化学物質は人類の敵か味方か

本文デザイン＆イラスト 宇田川由美子

Part Ⅰ

身近な化学変化の恐ろしさ

危険すぎる塩づくり

「化学変化とは何か」を考える

自然科学は、〝もの〟について調べる学問です。

〝もの〟を研究したり、使ったりするとき、私たちはその〝もの〟の形や大きさ、使い道、どんな材料からできているかなどに注目して区別しています。

とくに形や大きさなど外形に注目した場合は、その〝もの〟を、とくに物体といいます。

たとえば、コップには、ガラス製のもの、紙製のもの、金属製のものなどがありますが、コップという物体をつくっている材料に注目した場合、その材料を物質といいます。

ズバリ「物質とは〝もの〟の材料」ということができます。

物質は、「何からできているか」という材料に注目した見方なのです。ここでの物質は、とくに化学物質のことです。今後、物質という言葉は化学物質という意味で用いていきます。

化学は、物質の学問といわれる自然科学の一部門です。

化学は、とくに物質の「性質」と「構造」、および「化学反応（化学変化）」の三つを研究しています。

性質とは、密度や水に溶けるかどうか、熱するとどうなるか、電気を流すとどうなるか、試薬を加えるとどうなるかなど物質がもつ個性のことです。

構造とは、物質がどのような原子たちがどのように結びついているか、それらがどのように立体的に配置されているか、ということです。

化学反応は、化学変化とも、単に反応ともいいます。化学反応とは、単独の物質が熱や電気で分解したり、物質同士がお互いに原子の組み替えを行い、はじめにあった物質とは違う別の物質になることです。

この三つが化学の研究対象で、それぞれが関係し合っています。

『Mad Science』の実験写真に釘付け

米国の理科教育の研究大会に参加したとき、さまざまな理科教材の展示ブースを見て回っていたら大判のテオ・グレイ著『Mad Science』という本が目に入りました。

ぱらぱらと見ていたら、見開きで不思議な写真が目に入ってきました。

左ページで、反応容器らしいところから白い煙が上に向かって噴き上がっています。その白い煙にあたるように、プラスチックの網袋に入ったポップコーンがぶら下がっています。

その反応容器にパイプからガスが導かれていました。パイプの先は右ページの「塩素」のガスボンベにつながっています。

この実験には、「危険すぎる製塩法」という見出しがついていました。塩化ナトリウムをつくって、それでポップコーンに塩味をつけようという実験だったのです。

反応容器に何が入っているか見えませんでしたが、金属ナトリウムの固まりが入っているのでしょう。そこに塩素ガスを吹きかけると、激しく発熱しながら塩化ナトリウムができます。その塩化ナトリウムが吹き上がっているのです。

後日、本書は友人の高橋信夫さんによって邦訳されました（邦訳『Mad Science —

炎と煙と轟音の科学実験54』〈オライイリージャパン　二〇一〇〉)。

水と激しく反応するナトリウム

ナトリウムは銀色をした軟らかい金属です。ナイフでかんたんに切ることができます。

私は、高校の化学の授業で、ナトリウムを米粒の大きさに切って水の中に入れる実験をよく見せていました。水素を発生しながら水面を動き回って小さくなっていきます。次に、ナトリウムの粒をろ紙に載せたものを水面にそっと置きます。すると、オレンジ色の炎をあげて燃えだします。たくさんの水があると冷やされて燃えるまでいかないのですが、ろ紙の上だと少し熱が逃げにくくなっているので燃えだすのです。

ナトリウムの大きな固まりを水に投げ込むと、大きな水柱が上がるほどの爆発になります。私は工業高等学校工業化学科生徒のときに経験しました。ナトリウムが反応熱で融解し、温度が上昇しますが、表面は水酸化ナトリウムを主成分とする皮膜で覆われています。六〇〇~八〇〇℃になると、皮膜は融解し、内部のナトリウムが水と直接接触して爆発が起こるのです。この爆発には、高温の融解した金属と水との接触による衝撃波の発生が大きく関与していると考えられています。

ナトリウムは空気中にだしたままにすると空気中の水分などと反応して燃えだしたり爆発したりしますので、灯油の中に保存します。

毒ガス兵器に使われた塩素ガス

時は、一九一五年四月二十二日、所はベルギーのイーペルの地。ドイツ軍と英仏連合軍のにらみ合いのさなか、ドイツ軍の陣地から黄白色の煙が春の微風に乗ってフランス軍の陣地へと流れていきました。それがフランス軍の塹壕《ざんごう》の中へ流れ込んだ途端、兵士たちはむせ、胸をかきむしり、叫びながら倒れ……そこは阿鼻叫喚の地獄絵そのものに変わったのです。ドイツ軍が、一七〇トンの塩素ガスを放出し、フランス兵五〇〇〇人が死亡、一万四〇〇〇人が中毒となった、史上初の本格的な毒ガス戦、第二次イーペル戦の様子です。このとき使われたのが塩素ガスです。

ナトリウムと塩素から塩化ナトリウム

『Mad Science』の実験写真は、このようなナトリウムと塩素から塩化ナトリウムをつくるものでした。調味料の食塩は、主にこの塩化ナトリウムからできています。

なお、後日談があります。翻訳した高橋信夫さんは、来日した著者から「この実験で、できた塩化ナトリウム（煙状）が熱いためにポップコーンを入れたプラスチック網が溶けてしまい、ポップコーンが散乱したので白煙をあてる位置を調整してやり直しをした」と聞きました。本当に激しい反応なのです。

私は、化学の授業で、ナトリウムを入れた試験管を熱してナトリウムを融解しておいて、そこにポリ袋にとっておいた塩素ガスをガラス管の先から吹きかけて塩化ナトリウムをつくる実験を見せていました。ずっと小規模にして安全な実験にしていたのです。

化学変化の例

ナトリウムと塩素を一緒にすると、ナトリウムでも塩素でもない、塩化ナトリウムができますが、この変化は、元の物質とは別の、前にはなかった新しい物質ができる変化です。これが化学変化（あるいは化学反応）です。

化学の発音が科学と同じ「かがく」のため、口頭で科学と区別したい場合には、る学問が化学なのですから。

カビや細菌などの微生物は、生きていくため、そして増殖するために食べ物をつくる物質（有機物）をより小さい簡単な物質に分解します。このとき有害なものや悪臭を生じる場合が腐敗です。人間にとって価値の高いものをつくる場合は発酵といって区別しています。腐敗も発酵も化学変化です。食卓には発酵によってつくられた食品が並んでいることが多いです。味噌、しょう油、酒、酢、チーズ、ヨーグルト、パン、漬け物などです。

肉や魚を焼く、煮る、油で揚げるなどの料理のときも、はじめはなかった新しい物質ができるので化学変化が起こっています。

パンを焼くのも化学変化です。焼きすぎて黒い炭になるのは炭素と水素と酸素の化合物から炭素の単体が残ったからです。

化学変化の例で、ノーベル賞受賞の田中耕一さんが小学校時代に恩師から見せられて感動した実験があります。蒸発皿に白砂糖を入れて、そこに濃硫酸を数滴たらして様子を見る実験です。しばらくすると、湯気を盛んにだしながらもこもこと黒い固まりが盛り上がってきます。白砂糖の成分のショ糖（$C_{12}H_{22}O_{11}$）から濃硫酸は水素原子と酸素原子を二対一の割合で、つまり水（H_2O）を引き抜いて炭素が残ったのです。

「化学物質」を怖がる人たち

皆さんの誰もが学んだ中学理科。その教科書の化学分野（密度、状態変化、気体、原子分子と化学変化、イオンと化学変化）にでてくる「物質」という言葉は「化学物質」とイコールです。

ただし、化学物質には化学製品という狭い意味もあります。化学製品には医薬品、金属、石けん・洗剤、化粧品、塗料、接着剤、ポリ袋、プラスチック製品、化学繊維など多種多様なものがあります。特有のすぐれた性質を持っていて、多くは工業的に大量に生産され、安価で、私たちの生活を豊かにしてくれている存在です。

多くの一般の人が「化学物質」という言葉に持つイメージは「危ないもの」です。それは、その狭い意味で化学物質を化学製品と考えてしまうせいかもしれません。

それにしても、化学製品は、私たちの生活を豊かにし、便利で快適な生活を維持するために不可欠の存在のはずなのに、危険性を持ったものとして認識されたり、不安感を持たれてしまっているということです。

すでに述べたように、私たちが中学理科で学んだ物質は化学物質のことです。普通は、物質＝化学物質と考えてよいのです。

たとえば、私たちの体は水、タンパク質、脂肪などからできていますが、それらも化学物質です。私たちのまわりにある空気は窒素、酸素、アルゴン、二酸化炭素などがふくまれていますが、それらも化学物質です。自然界にあるさまざまな物質も化学物質だし、人工的に合成された化学製品も化学物質です。

化学物質から自然界にある物質（天然化学物質）を除いて考える場合には、化学物質（化学製品）と限定したり、人工化学物質などとしたほうがよいでしょう。

それでも化学物質という言葉を人工的に合成された物質として用いる場合もあるので、「この化学物質は普通の意味で使っているのか、狭い人工的に合成された物質の意味で使っているのか」を判断する必要があります。

広義では、みんな化学物質なのか!
化粧品
洗剤
薬
空気の成分
化学物質
タンパク質
人体
水
脂肪
化学物質

「まぜるな危険」をやってみた

「まぜるな危険」が家庭用品に表記されるきっかけとなった事故

現在、さまざまな家庭用洗剤・漂白剤に「まぜるな危険」というラベルがついています。これが表示されるようになったのは、ある事故がきっかけでした。

一九八七年十二月のことです。徳島県で次のような事故が起こりました。主婦がトイレ内で酸性の洗剤（塩酸入り）を使用していました。汚れをさらにきれいにしようと塩素系の漂白剤（次亜塩素酸ナトリウム入り）を使用したところ、塩素が発生してしまいました。狭いトイレ内で塩素が発生したため、急激に塩素濃度が上昇しました。塩素を大量に吸引して、塩素の急性中毒により死亡してしまったのです。

その事故を受け、家庭用品品質表示法により、一九九〇年から「まぜるな危険」のラベル添付が義務づけられました。しかし、その前年の一九八九年にも長野県で同様な事故が起き、それ以後も事故の報告があります。

◆まぜるな危険

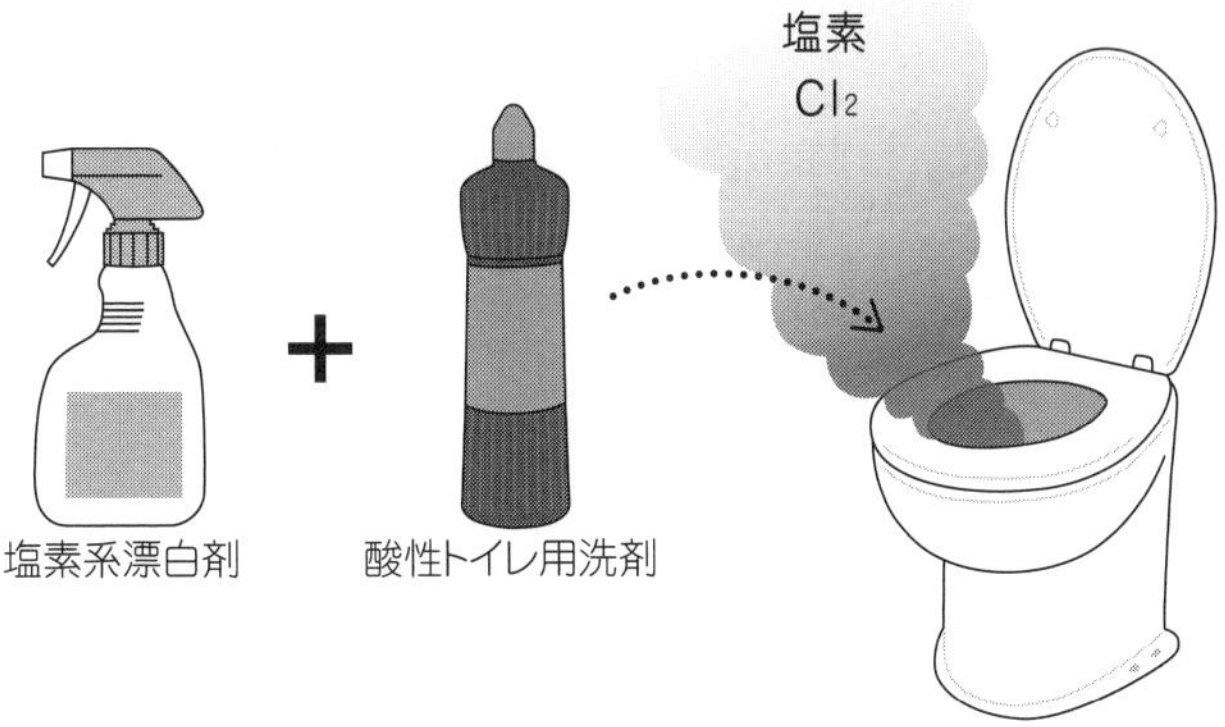

次亜塩素酸ナトリウムをふくむ漂白剤、カビ取り剤、洗剤

次亜塩素酸ナトリウムには、漂白・殺菌作用があります。次亜塩素酸ナトリウムは水に溶け、アルカリ性を示します。

漂白剤は、繊維などにふくまれる色の付いた物質を化学的に分解・除去し、繊維を傷めることなくできるだけ純白にすることに使われます。その化学反応によって大きく酸化型、還元型に分けることができます。酸化型は、さらに塩素系と酸素系に分けることができます。

次亜塩素酸ナトリウムは、塩素系漂白剤の代表成分です。塩素系は、もっとも一般的な漂白剤であり、漂白力、殺菌力が強いのですが、色物、柄物や毛・絹に使うことができません。酸素系（過炭酸ナトリウム、過酸化水素水）は、色物、柄物に使うことができますが、毛・絹に使うことができません。還元型（亜硫酸塩、ハイドロサルファイト、二酸化チオ尿素）は色物、柄物に使うことができませんが、鉄分による黄ばみやさびが付いたときに有効です。

次亜塩素酸ナトリウムは、その殺菌力でカビ取り剤にふくまれています。

また、洗面所の排水パイプの途中にU字形の部分や風呂の排水パイプに髪の毛が詰まったときなどに使うパイプ洗浄剤には、界面活性剤と水酸化ナトリウムと次亜塩素酸ナトリウムがふくまれています。

トイレの汚れとトイレ用酸性洗剤

トイレ用酸性洗剤の成分は塩酸です。塩酸は塩化水素という気体の水溶液で、強酸の一つです。

トイレの汚れは、水洗トイレだと排泄物中の尿酸、リン酸、腐敗タンパク質などが洗浄水中のカルシウムイオンと結びついて、尿酸カルシウムやリン酸カルシウムなどの水に溶けにくい物質になって付着したもの、水にふくまれた鉄分が長い間に累積してできた黄ばみなどです。これらは酸と反応して水に溶けやすい物質に変わります。

次亜塩素酸ナトリウムと塩酸が出合うと塩素発生

次亜塩素酸ナトリウムと塩酸が出合うと、塩素が発生します。

そのときの反応は、次のようです。

次亜塩素酸　＋　塩酸　↓　塩化ナトリウム　＋　水　＋　塩素

塩酸のかわりに、クエン酸・酢酸などの身近にある酸でも同じ反応が起こります。

また、胃液にも塩酸がふくまれているので、たとえば嘔吐してでてきたものに次亜塩素酸ナトリウムを混ぜても同じように塩素が発生します。いわんや、次亜塩素酸ナトリウムをふくんだ水溶液を飲むなどしたら胃の中で塩素が発生し、大変危険です。

塩素は、空気よりも密度が大きく、低いところにたまる性質があります。窓を開けて換気をしても、床の隅のところは高濃度の塩素が残っていることがあります。

界面活性剤がふくまれているカビ取り剤では、でてきた気体を界面活性剤によりできた泡の中に閉じ込められます。この泡は、時間とともに消えていきますので、徐々に塩素が空気中に飛散し大変危険です。混ぜた瞬間に、「大丈夫かも」と思うのは危険なのです。塩素が「忘れたころにやってくる」可能性があるからです。

実際にやってみたときの記録

友人の横内正さん（長野県公立中学校教諭）に、私が編集長をしている『RikaTan（理科の探検）』誌に、「まぜるな危険を実際にやって記録を雑誌に書いて」と依頼しました。次がそのときの記事の一部です（一部改変。写真省略）。

塩酸を含んだトイレ用洗浄剤に塩素系の漂白剤を混ぜるという事を実際にやってみました。深めのバットに小さい容器を入れ、トイレ用の洗浄剤を入れます。塩素の検出は、ヨウ化カリウムでんぷん用紙を用いました。この検出紙は、水溶液中に次亜塩素酸があると紫色になるもので、色の濃さで塩素の濃度がわかるようになっています。今回用いたものは、五〇ppmまでわかる低濃度対応のものです。

容器に次亜塩素酸ナトリウムの入った漂白剤を入れ、上から塩酸入りの洗浄剤を入れました。すると入れてすぐに塩素が発生し始め、一五秒で検出紙が紫変しました。だんだんに色が濃くなり、一二〇秒で完全な濃さになりました。また、検出紙の代わりにリトマス紙を使ってみると、混合してから容器付近にある青色リトマス紙がわずかに赤に変わり、後に白くなっていきました。

塩素が水に溶けると、

塩素　＋　水　⇅　塩酸　＋　次亜塩素酸

に示される平衡状態になります。普通は中性・酸性の条件下であると反応は進行しませんが、ある条件下だと、平衡が右に進み、酸を生じるようになるからと考えられます。その後、塩素の漂白作用によって、リトマス紙のリトマス色素が漂白され白変していきます。

天かす火災はなぜ起こる?

天かすが数時間後に自然発火

「天かす火災」という火災が飲食店舗などで起こっているので、各地の消防署が注意を勧告しています。

家庭でも、天ぷら調理で天かす(揚げかす)がでます。天ぷらを揚げ終わったら、コンロの火を消し、残った油も冷えてから処理し、油を拭いた紙や布、天かすをまとめてゴミ箱に捨てていないでしょうか。

天ぷら使用後の油や天ぷら専用油には、不飽和脂肪酸が多くふくまれています。不飽和脂肪酸とは、オリーブ油に多くふくまれるオレイン酸、大豆やコーン油に多いリノール酸、ナタネ油に多いα-リノレン酸など、分子内の炭素の鎖の中に二重結合を持つ脂肪酸のことです。

不飽和脂肪酸は、炭素の鎖の中の二重結合に空気中の酸素が結びつく反応が起きや

◆空気による油の酸化で発熱して自然発火

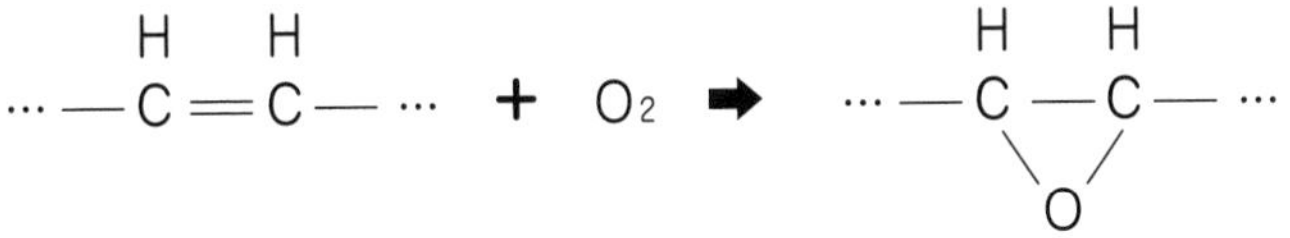

すいです（酸化）。その反応の際に発熱します。

不飽和脂肪酸が天かすや紙に染み込んだ状態では、空気と接する面積が大きくなり、酸化が進みます。また、山積みにしてあると熱が逃げにくくなっていきます。数時間後に、内部の温度が発火点（物質に火がつく最低温度）を超え、紙や油に火がついて燃え上がります。発火点は新聞紙で二九〇℃前後、油脂で三〇〇〜四〇〇℃程度です。大量に天かすがでる飲食店などで多いのですが、再現実験では五〇〇グラムでも発火していますので、家庭でも可能性があります。

対策としては、分散化して捨てる（まと

めて捨てない)、しっかりと水分をふくませた状態で捨てるようにします。

このような不飽和脂肪酸による自然発火の事例には次のようなものもあります。

木製品につやだし塗料(ニス)を塗りました。その後、雑巾三枚で塗料を拭き取り、その雑巾をまとめてゴミ袋に入れて口を結びました。約四時間後、家人が外出しているときに、ゴミ袋から出火。塗料にふくまれていた植物油脂が原因でした。

植物油を含有した塗料、アロマオイル等を拭き取ったウエスなどが発熱し、出火する事例が数多く報告されています。油絵の具用の画用液が染み込んだウエスなどの自然発火もありました。

調理場の拭き掃除に使用して植物油がふくまれていた布巾数枚を、洗った後にまとめて乾燥機にかけました。乾燥中は何の異常もありませんでしたが、乾燥終了後、しばらく取りださずに放置したところ、乾燥機内から出火しました。乾燥中は回転により熱が拡散されるため、発火するのは乾燥機停止後であることが多いようです。このような事例があったためか乾燥機メーカーでは、油の染みた布を乾燥機に入れないよう注意するようになってきました。

まったく火の気のないところから数時間後に発火するとは、普通、思いもよらないことでしょう。

池田圭一『失敗の科学—世間を騒がせたあの事故の〝失敗〟に学ぶ』（技術評論社二〇〇九）は、油の酸化で発熱して自然発火するということが一般の人たちにほとんど知られていないことを危惧しています。また、油脂メーカーや業界団体が情報提供に消極的なことに懸念を示しています。そして、「自然発火による火災の失敗原因を特定するのは難しい。酸化による火災は、片付けが終わった後、数時間、あるいは数日間という長い時間がたってから発生する。そのため、油をぬぐった紙や布を移動させた後に火がでることがある。それなのに多くの事例で、火災原因は消費者側の不注意によるものだと結論付けている」としています。

燃焼の三条件と自然発火

物質が燃焼するには、まず燃える物質と酸素が必要ですが、燃える物質と酸素さえあれば燃焼が始まるかというとそうではありません。

ある一定以上の温度にならないと燃焼は始まりません。最初、その一定以上の温度にしてやるとあとは燃焼によってでる熱で高温に保たれるので燃焼が続きます。マッチの炎や火花で点火するのはその一定以上の温度にするためです。

物質に火がつく最低温度を発火温度（発火点）といいます。発火点になると物質はひとりでに燃えだします。

物質が燃焼する条件をまとめると以下の三つになります。

①燃える物質（可燃物）の存在
②酸素の供給
③発火点以上の温度

一般に、③の条件は点火源によってもたらされます。火気、火花、静電気、摩擦熱などです。

火災の三大原因は放火、タバコ、コンロですが、放火は犯人によるライターやマッチの炎が点火源になります。タバコやコンロはすでに燃えているものが原因になります。自然発火は、化学反応による発熱が点火源になります。

コンロによる火災で多いのは、コンロに油鍋をかけ、火をつけたまま他の所用でそ

◆さまざまな物質の発火点

物質	発火点（℃）
ディーゼル燃料油	225
植物油	300 ～ 400
黄リン	30
赤リン	260
硫黄	232
ナフタレン	526
ポリスチレン	282
木材	250 ～ 260
新聞紙	291
木炭	250 ～ 300
デンプン（コーン）	381

※形状、測定法によって大きく異なる

の場を離れているうちに、油鍋の油が燃えだしてしまったというケースです。

コンロを使っているときには絶対に火のそばから離れず、離れるときには火を消してから離れるようにしましょう。また、近くに紙、使用済みの油や布巾等燃えやすいものを置かないようにしましょう。

油鍋の油が燃えだしたときは、まずガス栓を閉めることが重要です。このときやけどをする場合が多いので注意深く行います。次に水で濡らした布やフタをかぶせます。水をかけて消火しようとすると炎が急激に拡大し、周囲に油が飛び散って大やけどをする場合があり大変危険です。

石灰乾燥剤は危ない！

生石灰に水は厳禁

石灰とは、狭くは生石灰（酸化カルシウム）のことで、広くは石灰石（炭酸カルシウム）や消石灰（水酸化カルシウム）をふくんだ物質の総称です。

生石灰に水を加えると、熱を発しながら消石灰になります。

酸化カルシウム（生石灰）＋水→水酸化カルシウム（消石灰）＋熱

水酸化カルシウムは強アルカリ性の物質です。

おせんべいや海苔の袋などに石灰乾燥剤が入っている場合があります。「食べない」「開けない」「ぬらさない」「子どもに注意」などの注意が書いてあります。白い小石のような生石灰が入っていて、水を吸って消石灰になることを利用して袋内を乾燥します。

密閉された袋の中の水の量は、少量なので発熱量は目立たないのですが、もっと多量の水と出合うと、すぐに蒸気が立ち上がり、水分がブスブスと音を立てて沸騰しながら、水を吸った石灰がふくらんでいきます。まわりに発火しやすいものがあれば燃えだすでしょう。だから水気のある生ごみと一緒に捨てるなどは危険です。

実際、二〇〇八年十一月、広島県の民家で、レンジ台の上におかれた石灰乾燥剤に、その下の炊飯器から立ち上った蒸気がかかって、発熱・発火し、火災の原因になりました。

もし石灰乾燥剤の袋を開けて、その粉末が誤って口や目に入ったらどうなるでしょうか。

酸化カルシウムは口の中の水分と反応して水酸化カルシウムになるときに発熱します。口の中がカーッと熱くなるでしょう。高温で強アルカリ性のために口の中や喉がただれて出血します。少量でも食べた場合、口の中をよく洗い、うがいをさせます。牛乳または卵白水（卵の白身一個をコップ一杯位の水で溶いたもの）を飲ませ、受診します。吐かせてはいけません。

なめた程度なら、応急手当を行った後に様子をみます。口の中がただれたり、痛そうにしていれば受診します。

目に入ると目の角膜の水分と反応して同様のことが起こります。最悪の場合、失明します。その場合は十五分以上流水で洗浄後、医師に診てもらいます。

幼児が石灰乾燥剤をなめて、唾液で高熱を発して、やけどするという事故が多発した時期がありました。

このような危険性があるので国によっては石灰乾燥剤を禁止しているところもあるといいます。

全国で起こっている生石灰での火災

生石灰は農業用や建設業でとくに土壌改良材として大量に用いられています。使う前には二〇キログラム入りの袋を何十袋も積み重ねて置いておきます。

こんな大量の生石灰が何らかの原因で水と接触したら、石灰乾燥剤に水がかかるのと比べてものすごい発熱反応が起こります。まわりに可燃物があれば火災必至です。

時々、生石灰による火災が起こっています。消防隊は、生石灰による火災と判断できれば決して放水しません。さらに激しい発熱反応を起こすだけだからです。乾燥した砂をかけて消火します。

余談ですが、この生石灰と水の反応を利用したのが、ヒモを引くと温まるお弁当です。

駅弁は、列車の旅の楽しみの一つですが、お弁当ですから、普通は冷えているのが当たり前。でも、中にはヒモを引くだけでいきなり湯気が上がり、数分後にはできたてのようにホカホカになる駅弁があります。

その駅弁には、ヒモを引くと破れる水袋と一緒に生石灰が入っていて、ヒモを引くと水と生石灰が混ざって反応し、消石灰ができるときに発熱するのです。

身近な材料を使った化学変化で吸熱反応を実感！

私たちのまわりでは、ものの燃焼を始めとして、使い捨てカイロなど発熱反応がたくさんあります。ここで、家庭でもできる吸熱反応の実験を紹介しておきましょう。

使うのはクエン酸と重曹（炭酸水素ナトリウム）と水です。

クエン酸と重曹は、お掃除に使われることもあって、一〇〇円均一のお店やホームセンターでも容易に手に入ります。両方とも、取り扱いが簡単で安全な薬品です。クエン酸（$C_6H_8O_7$）は、一つの分子の中にカルボキシ基（$-COOH$）を三つ持った三価のカルボン酸です。水に溶けると、弱酸性を示します。重曹（炭酸水素ナトリウム〈$NaHCO_3$〉）は、水に溶けると弱アルカリ性を示します。

実験方法は次のようです。

①手のひらの中央に、クエン酸と重曹を、ティースプーン一杯ずつほど置きます。重さ（質量）にして約三グラムずつです。
②手のひら上でクエン酸と重曹を、反対側の手の指で両者をよく混ぜ合わせます。混ぜ合わせても反応は起こりません。
③指に水をつけて、②の混合物に一～二滴程度（約一ミリリットル）加えます。
④反応が起こるのが泡立ちでわかります。手のひらの反応場所が冷たくなっていることを実感できます。手のひらが冷たくなるのに、子どもたちはつい「アッチー」（熱い！）と声をあげたりします。
⑤反応終了後は手をよく洗います。

発熱反応と吸熱反応

私たちは、ガスを燃やしてお湯をわかしたり、料理をつくったりしています。ガスの成分は、プロパンガスか都市ガスかによって違いますが、プロパンやメタンといった炭素と水素からできた炭化水素という物質です。

これらのガスを燃やすと、炭化水素中の炭素は二酸化炭素に、水素は水になります。燃焼という化学変化が起こり、そのときでる熱を利用しているのです。

このように熱がでる化学反応を発熱反応といいます。まわりから熱を吸収する吸熱反応という変化もあります。

発熱反応が起こると温度が上がり、吸熱反応が起こると温度が下がります。

私たちのまわりの化学変化では、発熱するものが圧倒的です。

いろいろな物質の燃焼はもちろん、さびるなどのゆっくりした酸化反応でも発熱して温度が上がります。

基本的に、化学変化の世界では、バラバラだったものがくっつくとアツアツに、くっついていたものが離れると冷たくなります。

原子・分子・イオンという物質をつくっている非常に小さな粒子がバラバラになる

◆くっつくとアツアツ、別れると冷たくなる

ときには温度が下がります。引き合っていたものを、無理に引き離すのにはエネルギーが必要ですが、その使ったエネルギーは他からもらえないので、自分の温度を下げることでまかなっているのです。逆にバラバラだったものが結びつくときには温度が上がります。

クエン酸と重曹は、どちらも水に溶けて初めて、次の反応が起こります。

クエン酸　＋炭酸水素ナトリウム→クエン酸三ナトリウム　＋　水＋　二酸化炭素

この場合は、酸からでる水素イオン（H^+）がアルカリとして働く炭酸水素イオ

ン（HCO_3^-）と結びつく過程が中和で、このとき発熱します。続いて、できた炭酸（H_2CO_3）から二酸化炭素が発生して結びつきが離れる、つまりバラバラになることで吸熱します。反応全体では、吸熱のほうが発熱を上回るので冷たくなるのです。

物質を水に溶かすときも、発熱のときと吸熱のときがあります。固体が水に溶けるとき、固体をつくっている粒子はバラバラになります。だから物質を水に溶かせば基本的には温度が下がるはずです。

たとえば、硝酸アンモニウムという物質を水に溶かすとたちまち〇℃以下に下がってしまいます。叩くと冷たくなる袋＝冷却パックには硝酸アンモニウムなどと水が別々に入っています。

水酸化ナトリウムを水に溶かすと逆に温かくなります。温度が上がるということは、バラバラになる以上に水の中で新しい結びつきができたということです。水酸化ナトリウムは水に溶けるとナトリウムイオンと塩化物イオンにバラバラになりますが、バラバラになったイオンに新しく水の分子がくっついた（水和した）のです。

化学変化が起こったときや物質が水に溶けたとき発熱になるか吸熱になるかは、新しい結びつきができる傾向とバラバラになる傾向の兼ね合いで決まります。

洗剤とアルミ缶が化学反応し破裂

地下鉄車内で起こったアルミ缶破裂事故

二〇一二年、次のようなニュースが報じられました。

東京都文京区の東京メトロ丸ノ内線本郷三丁目駅のホームに停車中の電車内で十月二十日未明、洗剤の入ったアルミ缶が破裂し乗客一六人が負傷した事故が起きた。

この事故は、洗剤とアルミ缶が化学反応を起こして水素が発生し、破裂した可能性の高いことが警視庁の調べでわかった。同庁は故意に破裂させた可能性は低いとみており、缶を持っていた女性から話を聞くなどして原因を調べている。簡易鑑定の結果、缶に入っていたのは強いアルカリ性の洗剤と判明。同庁は、洗剤の成分とアルミ缶が化学反応を起こして発生した水素が缶の中に充満し、破裂した可能性があるとみている。

アルミ缶の原料のアルミニウムといえば、鉄に次いでたくさん使われている金属です。日常生活でもっとも多く使われている金属は鉄で、全金属の九〇%以上です。アルミニウムが次に続きます。

世界の年間消費量（米国鉱山局二〇一七のデータをもとに作成）は、鉄一・四ギガトンに対し、アルミニウム二六二メガトンでした。ちなみに銅は一九・四メガトンでした。

アルミニウムは、軽量で加工しやすく耐食性もあることから、車体の一部、建築物の一部、缶、パソコン・家電製品の筐体など、さまざまな用途に使われています。アルミニウムが耐食性をもつのは、空気中で表面が酸化されて、酸化アルミニウムの緻密な膜が内部を保護するからです。また、アルマイト加工という、この酸化皮膜を人工的に厚くつけて、さらに耐食性を高めている場合（鍋などの容器材料やアルミサッシなどの建築材料）もあります。

身近にあるアルミ缶に洗剤を入れておいたら破裂とは、アルミ缶内でいったいどのようなことが起こったのでしょうか。

アルミニウムは酸ともアルカリとも反応する

高校化学を学んだ人なら「両性元素」という言葉を覚えているかもしれません。両性元素は、簡単にいえば酸にもアルカリにも反応して水素を発生する金属です。アルミニウムはその代表格なのです。他に亜鉛、スズ、鉛などがあります。

金属は酸と反応して溶け、水素ガスを発生します。

アルミニウムは塩酸と反応して、アルミニウム ＋ 塩酸 → 塩化アルミニウム ＋ 水素 の反応を起こします。

金属の中にはアルカリと反応して溶け、水素ガスを発生するものがあります。

アルミニウムは水酸化ナトリウム水溶液と反応して、アルミニウム ＋ 水酸化ナトリウム ＋ 水 → アルミン酸ナトリウム ＋ 水素 の反応を起こします。

私は、アルミニウム製のフライパンに水酸化ナトリウム水溶液を入れて様子を見たことがあります。初めのうちは泡も少ししかでず反応がゆるやかでしたが、ある程度時間がたってから水素の泡が立って激しくなりました。盛んに水素の泡が吹き上がるようになりました。このような反応の様子はアルミニウムに塩酸を加えたときにも見られます。

アルミ缶破裂事故では、アルミ缶に界面活性剤と水酸化ナトリウムのようなアルカリ剤が入ったアルカリ性洗剤を入れておいたのでしょう。アルカリ性洗剤は、換気扇やコンロ、グリルにつくひどい油汚れもキレイに落としてくれるということで使われます。

アルミ缶の内部はエポキシ樹脂でコーティングされています。しかし、わずかでもアルカリ性洗剤と接触できる場所があったら、時間がたてばじわじわと反応が始まります。

フタがされたアルミ缶内ではじめはゆっくりと反応が進み、発生した水素も少なく、缶は増大する水素の圧力に耐えていました。それが地下鉄車内で反応が激しさを増し、水素の圧力に耐えきれずに缶は破裂し、アルミニウムの破片と強アルカリの水酸化ナトリウム水溶液をふくんだ液が四方八方にばらまかれました。その結果としての乗客一六人の負傷でしょう。

この事故でもっとも怖いのは水酸化ナトリウム水溶液やアルミニウム破片が目に入

ることです。水酸化ナトリウム水溶液は角膜のタンパク質を溶かします。

もしアルミ缶ではなく鉄が原料のスチール缶だったら反応が起こらなかったのです。

アルミニウムは「電気の缶詰」とも呼ばれる

アルミニウムの原料は、ボーキサイトと呼ばれる赤褐色の鉱石です。酸化アルミニウム（アルミナ Al_2O_3）を五二〜五七％ふくんでいます。

粉砕したボーキサイトに濃い水酸化ナトリウム水溶液などを混ぜて加圧加熱すると、ボーキサイト中の酸化アルミニウムが水溶液中にアルミン酸ナトリウムになって溶けだしてきます。この中から、溶けない不純物を除去したあと、撹拌、冷却すると、水酸化アルミニウムの結晶が析出してきます。

水酸化アルミニウムの結晶を取りだし、一〇〇〇℃前後の温度で焼成すると、純白のアルミナができます。

アルミナのアルミニウム原子と酸素原子の結びつきは非常に強く、そこから酸素を除いてアルミニウムを得るのは困難でした。強力な還元剤であるナトリウムやカリウムを使わなくてはなりません。それには大きなコストがかかります。そうして得たアルミニウムは金よりも高価な金属でした。

そこで考えられたのが、アルミナを溶融して電気分解をするという方法です。しかし、アルミナの融点は約二〇〇〇℃と高く、そこまで温度を上げるのは技術的に困難でした。そこで、アルミナに混ぜて融点を下げる物質の探究が始まりました。その物質が氷晶石です。氷晶石はNa_3AlF_6という組成のフッ化物でグリーンランドでとれる乳白色の固まりです。これで、融点が約一〇〇〇℃に下がり、電気分解が簡単になりました。この方法が、現在でも世界中で採用されているホール・エルー法で、一八八六年に発明されました。

「アルミナの融点よりずっと低い温度でアルミナを溶かし込むことができるものはないか」と探索が続けられていたとき、チャールズ・マーティン・ホールとポール・エルーは、共に氷晶石に目がいったのです。

氷晶石を融解して、アルミナを加えると、一〇%程度も溶かし込むことができたのです。そして電気分解によりアルミニウムを得ることができました。

純粋なアルミナに氷晶石を混ぜて、加熱して溶融して液体にします。その溶融塩に炭素電極を差し込んで電気分解すると、陰極にアルミニウムが析出してきます。溶けたアルミニウムは、電解炉の底にたまります。

この溶けたアルミニウムを取りだし、保持炉に移して必要な成分・純度に調整し、用途に応じてインゴット（金属塊）などにします。インゴットは、アルミニウムの新地金と呼ばれ、スクラップから再生した二次地金（再生地金）と区別しています。

ホール・エルー法は、大量の電力を必要とするので、アルミニウムは電気の「固まり」とか、「電気の缶詰」といわれています。

いったん金属アルミニウムになったものをリサイクルするとボーキサイトからアルミニウムを製造するエネルギーを消費しないですむので、アルミニウムのリサイクルは盛んに行われています。

同じ年齢のホールとエルーが同じ年に同じ発見をして同じ年齢でなくなった

一八八六年のこと、はじめに、米国のホールが、その二カ月後にはフランスのエルーがこの方法を発見しました。まったく独立に同じ方法を発見したのです。しかも、二人は、ともに二十一歳の青年でした。二人は、それぞれの国で特許をとりました。そして同じ五十歳でこの世を去りました。

アルミニウムを避ければアルツハイマー病にならない？

「アルミニウムの鍋を使っていても大丈夫ですか？」。このような心配の声を聞いたことがありませんか。これは「アルツハイマー病のアルミニウム原因説」がメディアでよく流れていたからです。

小島正美『アルツハイマー病の誤解―健康に関するリスク情報の読み方』（リヨン社　二〇〇七）を参考に、アルツハイマー病のアルミニウム原因説を見ることにしましょう。

食器や台所用品から建築材料まで、私たちの日常生活でも幅広く用いられているアルミニウムですが、一九七六年、アルミニウムの神経毒性が広く認知される事件が起こりました。

一九七二年、腎臓病患者の透析治療中に患者が痴呆症状を起こしたのです。これは「透析痴呆」と呼ばれました。この原因が透析液にふくまれていたアルミニウムが脳に蓄積するためだと推測されたのです。

透析に使用した水や薬剤の中にふくまれていた多量のアルミニウムを除くと、透析痴呆はなくなりました。また、透析痴呆とアルツハイマー（痴呆の一種）とは、病状

◆アルツハイマー病とアルミニウム脳症（透析痴呆）の相違

	アルツハイマー病	アルミニウム脳症
血液中アルミニウム	増加なし	増加
脳脊髄中アルミニウム	増加なし	増加
毛髪中アルミニウム	増加なし	増加
脳中アルミニウム	増加なし（年齢相応）	通常は高度に増加
神経原繊維変化	ねじれ細管	なし
痴呆症状	高度	軽度〜中高度
けいれん	ほとんどなし	常にあり

や脳細胞の状態が違うことから、研究者たちのほとんどは、アルミニウムはアルツハイマーの主因ではないと考えるようになりました。

そこで、アルツハイマー病患者とアルミニウム脳症（透析痴呆）患者の神経細胞などを病理組織学的に調べてみると、全く異なることがわかりました。アルツハイマー病の病変とは異なるということです。

アルミニウム脳症患者の脳には、アルツハイマー病の根源的な原因といわれるアミロイドベータ（Aβ）タンパクの沈着が見られません。しかも、ねじれた繊維状のものができる神経原繊維変化（タウタンパクのリン酸化で生じる）も起きていません。

透析患者では、金属を排出・ろ過する腎臓の機能が悪化しているために、健康な人と比べ、脳にアルミニウムが入ってしまうのです。アルミニウムイオンは神経細胞に毒性があることは事実なのですが、アルツハイマー病とは異なる病態になったのです。

二つ目は、一九八九年、アルツハイマー患者数と水道水のアルミニウムのふくまれる割合の相関が高いという疫学結果が報告されました。水道水にふくまれるアルミニウムの濃度が〇・一一ppm以上の地域では、それ以下の濃度の地域と比べて、アルツハイマー病の発生率が約一・五倍高いというものでした。

水道水をつくる浄水場では、にごりを取るためにポリ塩化アルミニウムや硫酸アルミニウムを凝集剤に使っています。粘土コロイド粒子はマイナス電気を帯びているので、三価のアルミニウムイオンはそれとくっついて沈澱させる凝析の能力が高いのです。凝集剤の大半はにごりと共にろ過過程で取り除かれますが、ごくわずかが水に残ります。

先のアルミニウムの神経毒性と合わせて、アルツハイマーの原因がアルミニウムではないかという説を唱える研究者が現れるようになりました。

ところが、この疫学結果は、その後統計的な解析で不備があることがわかり、今では飲み水を問題にする研究者はほとんどいません。

私は、この疫学結果を知ったとき、アルミニウムイオンを毎日大量に摂っている人びとを思いました。消化性潰瘍治療薬・健胃薬などアルミニウム製剤を飲んでいる人びとです。多数いますから、この人びとにアルツハイマー病患者がすでに多数でていないとおかしい、この疫学結果が正しいのに、患者がでていないなら、水道水の中のアルミニウムの化学形態が特別で、まずそれを明らかにしたほうがよいと考えました。だからアルミニウムの鍋や缶から溶出する普通のアルミニウムイオンの化学形態は心配ないでしょうと考えました。アルミニウム関連の業種で働いている人びとなど、日頃からアルミニウムに接していて、他の人びとと比べて摂取量が多い人にアルツハイマー病が多いという話もありません。

アルミニウムは、地殻中に、酸素、ケイ素に次いで三番目に多い元素です（約八%）。金属元素ではもっとも多いです。自然界ではいろいろなアルミニウム化合物の形で、鉱物、土壌、水、植物、動物等にふくまれています。そして当然のことながら、食べ物や飲み物、水などを通して、私たちは毎日アルミニウムを摂取しています。

私たちは、アルミニウムイオンのほとんどを普通の食品から摂取しています。その

◆食品中のアルミニウム量（100グラムあたり）

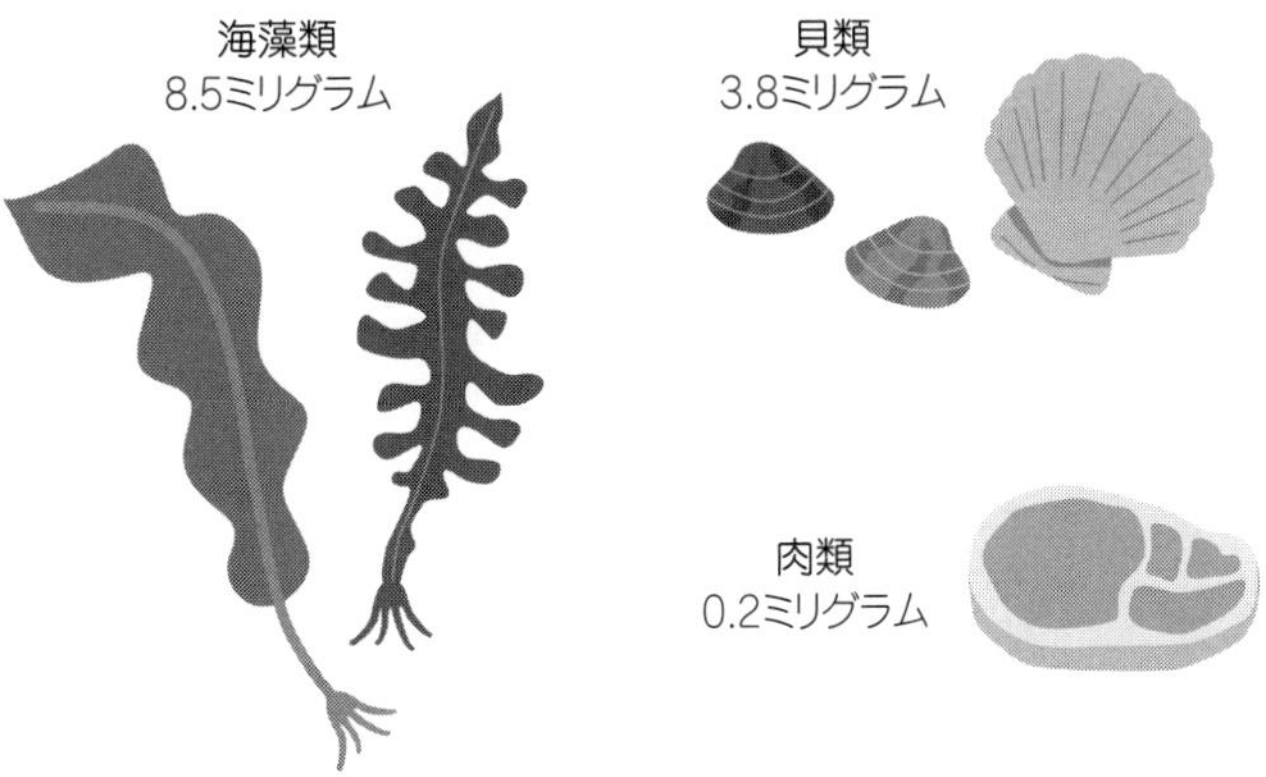

摂取量は一日に二〇〜四〇ミリグラムですが、アルミニウム製品からの摂取量は一日に多くても数ミリグラムです。

アルミニウム製品（アルミニウム製の鍋など）から溶出したアルミニウムイオンの量は、食品からのほうが圧倒的に多く、その変動の幅に入ってしまう程度です。

先の疫学結果が正しいとしても、食品からのアルミニウム摂取量から考えると、アルミニウム製品からの摂取量は問題にしなくてもよいレベルといえるでしょう。

廃油を使った手作り石けんの怖さ

石けんをつくる反応

石けんをつくる方法にはけん化法と中和法があります。

石けんの原料は油脂と水酸化ナトリウムです。大量生産には油脂として牛脂、ヤシ油やパーム油などを使います。

油脂は化学的には高級脂肪酸のエステルです。高級脂肪酸の「高級」とは「品質がすぐれている」という意味ではなく「脂肪酸の炭素数が多い」ということです。

エステルは、カルボキシ基（−COOH）を酸とヒドロキシ基（−OH）を持つアルコールから水がとれてできた形の物質です。

まずはけん化法です。

油脂と水酸化ナトリウム水溶液を長時間熱して十分に反応させると石けんとグリセリンができます。この反応をけん化といいます。

油脂 ＋ 水酸化ナトリウム → 脂肪酸ナトリウム（石けん）＋ グリセリン

反応によってできた石けんは、熱溶液のままでは副生したグリセリンと共に水に溶けて、濃厚なコロイド溶液になっています。これに濃塩化ナトリウム水溶液を加えて静置すると、石けんが上層に浮かびます。この操作を塩析といいます。浮かんだ石けんは圧縮して固形化します。

中和法は、予め油脂を脂肪酸とグリセリンに分解し、油脂から取りだした脂肪酸を水酸化ナトリウム水溶液で中和するものです。わずか四時間でつくれるので、大量生産に向いています。大手メーカーの石けんは、主に中和法でつくられています。

（油脂から取りだした）脂肪酸 ＋ 水酸化ナトリウム

→ 脂肪酸ナトリウム（石けん）＋ 水

なお、石けんも合成洗剤も、合成化学物質です。石けんの原料の油脂は天然物質といえても、水酸化ナトリウムは天然物質ではありません。最初は炭酸ナトリウムに石灰乳（水酸化カルシウム）を反応させてつくっていましたが、現在は、すべて塩化ナトリウム水溶液の電気分解によってつくられています。

手作り石けんの問題点

「家庭ででる廃油を有効にリサイクルするために石けんを手作りしましょう」という活動が一部で行われています。

私は、その気持ちはわからないでもありませんが、家庭レベルで石けんを手作りするのは、とても危険性があり、多くはあまり品質がよくなく、手間がかかる割には問題点があるので、お薦めできません。

手作り石けんの問題点その一は、劇物・水酸化ナトリウムの怖さです。別名、苛性《かせい》ソーダです。苛性とは「皮膚を侵す」という意味です。タンパク質を侵す性質があります。

水酸化ナトリウムは、毒・劇物取扱法や医薬品医療機器等法（薬機法）で「劇物」と指定されている薬品です。だから薬局での購入も面倒です。書類と印鑑が必要です。

水酸化ナトリウムは、とくに危険なのは、「肌に触れる」「目に入る」「蒸気を吸う」

など、体で直接触れてしまう場合です。ほんの少量でも目に入ると失明のおそれがあります。しかも、手作り石けんで使う水酸化ナトリウム水溶液は約三〇%と小・中学校理科実験で扱うものと比べて、非常に高濃度です。

手作り石けんの際には、手袋、ゴーグル、マスクといった基礎的な防備は必須です。水酸化ナトリウムは水に溶けるとき発熱します。水に溶かすときは、水に少量ずつ水酸化ナトリウムを加えては混ぜるをくり返します。水酸化ナトリウムに水を加えるのは危険です。

水酸化ナトリウム水溶液やそれをふくんだ混合物が飛散して、肌や粘膜に触れると厄介です。水に溶かすとき、廃油と水酸化ナトリウム水溶液の混合物を加熱して反応させるときは要注意です。手作り石けんを始めたころは注意深くやっていても慣れてきたときに事故が起こりやすいのです。

手作り石けんの問題点その二は、できたものに品質が悪いものが多いことです。廃油独特のにおいがして、色は褐色。食器洗いには使えますが、洗濯に使うとにおいが残ります。

もともと廃油は、市販の石けんに使われている牛脂やヤシ油と比べて、酸化されやすく、さらに高温での調理で劣化しています。このような廃油と水酸化ナトリウムの反応で、水酸化ナトリウムが多すぎれば石けんの中に残って皮膚を荒らし、少なすぎれば未反応の廃油が残っていて石けんの性能が落ちます。

本来なら廃油にふくまれる油脂成分が決まったものではないので、廃油に過剰と思える水酸化ナトリウムを加えて反応させて、その後、過剰に残る水酸化ナトリウムの量を酸による中和滴定で求めて、廃油と水酸化ナトリウムの反応の適当な割合を求めておく必要があります。使う油の成分が決まっていれば水酸化ナトリウムの量は計算できます。少なくともpHを計っているでしょうか。

一般には廃油による手作り石けんは、水酸化ナトリウム過剰で行っている場合が多いようです。その場合は、その石けんは洗顔などに使えないし、食器などを洗う場合にはビニル手袋が必須です。

水酸化ナトリウム過剰かどうかはpHを計るとだいたいわかります。pHが九〜一一程度（一一以下）なら大丈夫でしょう。一カ月くらい熟成してpHが九程度になるようならずっと安心です。

水酸化ナトリウム過剰やにおいの対応策は、その後に塩析をすることです。分離するのは石けん分ですからにおい物質も少なくなります。しかし、そこまですると、手作り石けんは水酸化ナトリウムと食塩の購入費でコストパフォーマンスが悪くなるでしょう。この場合、できたのは純石けんですから、炭酸塩添加の石けんよりずっと洗浄力は落ちますから環境負荷が大きくなってしまいます。

家庭では廃油をださない食用油の使い方が大切でしょう。揚げ物はフライパンで浅めの油で揚げてできるだけ少なく使う、残った油は炒め物などに使うなどすればほとんど廃油がでないようにすることが可能でしょう。

廃油による手作り石けんのために、わざわざ廃油を残すとしたら環境活動として本末転倒です。

水酸化ナトリウムなど強アルカリを使わない手作り石けん

フェニキア人がアルカリ剤として草木灰（主に炭酸カリウム）を使った石けんをつくりましたが、その後も水酸化ナトリウムがつくられるようになるまで、長い間、草木灰や海藻灰（主に炭酸ナトリウム）が使われていました。

それなら手作り石けんでも水酸化ナトリウムよりずっとアルカリ性が弱い炭酸ナトリウムなどを使えばいいのではないかと考えられます。しかし、けん化にはやはり強アルカリが適しているとみえて、炭酸ナトリウムなどを使った方法はうまくいっていないようです。

友人の杉原和男さん（元京都市青少年科学センター）は、入手しやすい重曹（炭酸水素ナトリウム）から炭酸ナトリウムをつくり、米ぬかと反応させて「米ぬか石けん」をつくっていました。

水三〇〇ミリリットルを沸騰させたところへ、重曹五～一〇グラムを入れると、熱分解して二酸化炭素を発生しながら炭酸ナトリウム水溶液になります。

この炭酸ナトリウム水溶液を弱火で加熱し、一〇〇グラム程度の米ぬかを徐々に入れます。丁寧にかき混ぜ、焦げ付きそうになったら水を追加し、十分程度加熱します。少し冷めたら容器に移します。これを布袋に入れて食器洗いなどに使います。けん化は完全ではないのですが十分使えるといいます。

私は、弱アルカリのオルトケイ酸ナトリウムの粉末を使った石けんづくりに取り組みました。

この方法をやってみようと思ったのは、「廃油でせっけんの新製法」という新聞記事を目にしたからです。その方法では危険な水酸化ナトリウムを使わないのです。それに時間もあまりかからないようです。「今までの方法に比べ、安全で手軽だ。これだ！」と思いました。

ぼくは、この方法を開発した岡山県環境保健センターの荻野泰雄さん（医学博士）に会いに行って、方法を詳しく聞いてきました。

私は、当時実験を連載していた『子供の科学』誌（誠文堂新光社）や編著『理科おもしろ実験・ものづくり完全マニュアル』（東京書籍）、編著『たのしくわかる化学実験事典』（東京書籍）に紹介しました。

安全性は水酸化ナトリウムと比べてずっと改善されたのですが、オルトケイ酸ナトリウムは水酸化ナトリウムより値段が高く、コストパフォーマンスは悪いです。

純石けんと炭酸塩添加の石けん、どちらがいいの？

洗濯用粉石けんには、純石けん九九％の無添加石けんと、通常二〇〜四〇％の炭酸塩（炭酸ナトリウム）がふくまれているものとがあります。

炭酸塩は、石けんの洗浄力を上げるために添加されています。石けんはアルカリ性で洗浄力を発揮しますが、中性や酸性では、ほとんど洗浄力がありません。

また、石けんはアルカリ性の水に溶けやすいのですが、中性や酸性では溶けにくくなります。

石けんは、その脂肪酸イオンが水中のカルシウムイオンやマグネシウムイオン（共に二価の陽イオン）と強く結合して離れにくくなり、それが石けんカス（金属石けん）になります。この石けんカスはアルカリ性のほうができにくいです。

つまり、炭酸塩は、水をアルカリ性にして、

・石けんを溶けやすくする
・洗浄力を高める
・石けんカスの発生を少なくする

という、まさに石けんのよきパートナーだったのです。

純石けんでも洗濯できますが、炭酸塩添加の石けんより使用量が石けん分として

二〇～三〇％多くなります。また、石けんカスが多くできるので、衣類に残る量も多くなり、黄ばみやにおいが残りやすくなります。環境への有機物汚濁量も多くなります。また値段も高いです。

洗濯用でも、環境やコストパフォーマンスからみても炭酸塩添加の粉石けんのほうに軍配が上がるでしょう。

ただしアルカリに弱いウールや絹は、純石けんのほうがよいでしょう。

純石けんの製品の中には、細菌にふくまれる物質などを入れて、「環境によい」としている、私からすると可笑しげなものがあります。純石けんどころではなく、よくわからない物質の添加石けんではないでしょうか。

石けんと合成洗剤

石けんは合成洗剤とよく比べられます。

日本では一九六二年に合成洗剤の生産量が石けんを抜きました。洗濯機の普及に伴って、合成洗剤の生産量が急速に増加し、現在、洗濯用石けんは衣料用洗浄剤全体の四％程度となっています。

当初普及した合成洗剤はハード型と呼ばれて、分子構造に枝分かれがある、微生物が分解しにくくなるタイプのＡＢＳ（アルキルベンゼンスルホン酸塩）でした。また、助剤に加えられていた重合リン酸塩は湖沼の富栄養化を招く原因になりました。

そこでＡＢＳに替わる合成洗剤の開発が進められました。無リン化され、アルキル基が枝分かれしていないＬＡＳ（直鎖アルキルベンゼンスルホン酸塩）という微生物に分解されやすいソフト型になり、さらにＬＡＳよりも生分解性がよい合成洗剤も使われるようになりました。法的にも一九七一年からＪＩＳ規格によって、衣料用・台所用洗剤の生分解性が最低でも九〇％以上であることが要求されて、今の合成洗剤はこれに準じて製造されています。ちなみにＡＢＳの生分解性は二〇％以下でした。

現在の洗剤はコンパクト化、酵素入りなど改善が進みました。

もはや、石けんと合成洗剤のどちらがいいのかを考えるよりは、使う石けん・洗剤ができるだけ少なくなる洗浄法を考えたり、さらにより洗浄力が高く、より安全で、より環境負荷の小さいものに改良するようにメーカーに働きかけたりすることが大切になっているでしょう。

怖いのは、実はごくわずかの人が行っている問題のある廃油手作り石けんより、多くの人が石けんでも合成洗剤でも過剰に使うことです。それは石けんであろうと合成洗剤であろうと環境に負荷をかけることになります。

Part Ⅱ

化学が巻き起こした事故の恐怖

リチウムイオン電池の発火で飛行機が落ちた！

ノートパソコンのバッテリーに発火の恐れ

私が使っている大手メーカーのノートパソコンについて、パソコン画面に注意事項が現れるようになったことがあります。

それは、「バッテリーパックが発火し、火災に至る恐れがあります。バッテリーパックの無償交換を実施中です。いま一度、バッテリーパックのご確認をお願いいたします」というものでした。

「夜間など人目の少ない時の事故は火災に至る危険があります。また、持ち運び時に交通機関の中で発生する恐れもあります」とも表示され、実際に対象品から発火事故が数十件起こっていることを知り、交換対象なのかどうか確認しました。交換対象ではなかったです。

その後、劣化したノートパソコンのバッテリーパックから発火する可能性があるとし、「バッテリーの劣化状況を判定し、発火の危険性を回避するバッテリー診断・制御プログラムの提供」の知らせがありました。私は、今、そのプログラムをインストールしたノートパソコンでこの原稿を書いています。

頻発したリチウムイオン電池の発火事故

リチウムイオン電池のマイナス点は、高温で熱暴走が起こりやすいこと、容量いっぱいに充電したままにしておくと劣化が早いということです。過充電によって金属リチウムが負極に析出したり、正極のコバルトが溶出して充放電できなくなる可能性があります。

過充電、ショートさせたり、異常放電や異常充電、過加熱などを行ったり、劣化が進むと燃えたり爆発したりします。

とくに二〇〇六年に世界中で携帯電話やノートパソコンからの発火事故が起こったことで、リチウムイオン電池の安全性の問題が注目されました。この年、デルやアップル、ＩＢＭ／レノボ、東芝、ソニー、ＨＰ、富士通が発売したノートパソコンに使われていたリチウムイオン電池が発火、もしくは異常過熱の恐れがある（発火事故が実際に発生）として、多数の製品がリコール（自主回収、無償交換）対象となる事態があったからです。

発火事故が起こる可能性を考慮して、多重の安全対策がなされているはずなのに、高度な製造技術を持っていると見られるメーカーの製品でも発火事故を起こし大規模な回収をせざるを得ませんでした。

もちろん、そのような問題が起こるたびにメーカーはより強めた安全策をとってきたので、現在はほぼクリアされていると見られます。

もしも飛行機の貨物室で発火したら……

「もしも飛行機の貨物室のリチウムイオン電池が発火したら……」という想像は恐ろしいですが、実際に起こっていました。

二〇一〇年九月三日、ドバイにて貨物機ＵＰＳ六便が飛行中に機内火災により墜落。乗員二名が死亡しました。

この貨物機はリチウムイオン電池八万一〇〇〇本、加えてリチウムイオン電池内蔵の電化製品も積載されていました。調査の結果、リチウムイオン電池が発火源と判明。搭載されていた消火剤はこの火災には適していませんでした。

発火源が密集して搭載されていれば、そのうちの一台が発火したとしても、まわりのリチウムイオン電池の熱暴走を誘って、大きな火災になるでしょう。そして、まわりのプラスチック製品や化学繊維製品などに燃え移る可能性も大いにあるでしょう。

その後も、リチウムイオン電池やリチウム電池の原因の発火事故があり、それらの空輸に関する規定が改定・厳格化されたり、また旅客便においても国際民間航空機関（ICAO）が、旅客機でのリチウムイオン電池の輸送を禁止しています。しかし、ノートパソコンはビジネス上必要不可欠な道具になっており、ノートパソコンを禁止にしてしまうと顧客を他の航空会社に取られてしまいますから持ち込み禁止は難しいです。

いろいろな電池

電池は、大きく化学電池と物理電池（太陽電池や光電池など）に分けられます。

普通は化学電池を指します。化学電池は、酸化と還元の反応を利用して化学エネルギーを電気エネルギーに変える装置です。

一般に、アルカリ乾電池（正式にはアルカリマンガン乾電池）のような一度使いきったら終わりの一次電池と、鉛蓄電池やリチウムイオン電池のような充電して使用可能な二次電池（蓄電池）に分けられます。

電池は、正極、負極、電解質（陽イオンと陰イオンからなる物質）でできています。電池の外の回路には負極から正極に電子が移動していきます。電池の負極の物質は電子を放出し、正極の物質は電子を受け取って変化します。

筒状のアルカリ乾電池では、正極は金属で包まれた炭素棒が出っぱっていますが、実際に正極で電子を受け取っているのは二酸化マンガン（正式名称は酸化マンガン〈Ⅳ〉）です。負極は、亜鉛という金属で、亜鉛イオンになって溶けだすときに電子を放出します。

アルカリ乾電池の正極というと、すぐ直接的に正極にあるのは炭素棒ですが、炭素棒は電子を集めて、電子を受け取る物質に与える役目をしています。

そこで、単に負極や正極というと、実際の主役が見えにくくなるので、実際の主役を「負極活物質」「正極活物質」といいます。電池の負極活物質から放出された電子は回路を通り、正極活物質に受け取られるのです。

リチウムは、もっとも電子を放出しやすい金属

元素の周期表で、一族のアルカリ金属のグループの一員で、金属元素の中でもっとも若い三番という原子番号です。その単体は軟らかい銀白色の固体です。

私は、高校化学の授業で、灯油の中に保存したリチウムを取りだし、カッターで切断し、その表面の金属光沢を見せ、小さい粒にしたものを水に投げ込んで見せていました。リチウムは水素ガスの泡をだしながら溶け、水酸化リチウムに変わっていきます。

高校化学では「イオン化傾向」を学びます。

金属の単体は、水や水溶液に接するとほかに電子を与え、自分自身は陽イオンになろうとする傾向があります。この傾向の順番を金属のイオン化傾向といいます。また、金属をイオン化列の大きいほうから順に並べたものをイオン化列といいます。

主な金属のイオン化傾向は次頁の図のようになります。

水素は金属ではありませんが、陽イオンになるので、比較のためにイオン化列に入れてあります。このイオン化列で、より左側にある原子のほうが陽イオンになりやすい、つまり電子を失いやすい（相手に電子をあたえやすい）ということになります。

◆主な金属のイオン化列

Li > Ca > Na > Mg > Al > Zn > Fe > Ni > Sn > Pb > (H_2) > Cu > Hg > Ag > Pt > Au

イオン化列は、金属原子の電子の失いやすさの順でもあります。

実はイオン化列は、金属を水素電極（電位＝0）に対して電位が何ボルトあるかという標準電位を調べて、標準電位が小さいものから並べたものです。リチウムはこの電位が金属中最下位で、これを負極に使うと大きな電圧が得られます。

リチウムイオン電池とリチウム電池は大きく違う

リチウムイオン電池は、リチウム電池とよく間違われますが別物です。携帯電話やノートパソコンのバッテリーはリチウムイオン電池で、充電可能な二次電池です。リチウム電池は使い切りの一次電池です。

リチウム電池は、負極に金属リチウムを用いています。従来の電池と比べて自己放電が少なく寿命が長く、長期保存と長期使用に適しています。半導体メモリーのバックアップ、デジカメ、パソコンの内部電源用などにコイン型のリチウム電池が使われています。

金属リチウムを使っているので電解質液に有機溶媒を用いています。リチウムは水と激しく反応してしまうからです。もしリチウム電池に充電しようものなら電解質液内部に木の枝状のリチウム（デンドライト）ができて正極まで届くと負極から正極へ一気に電子が流れて（ショートして）、発熱、破裂、発火する可能性があります。

二次電池の世界では、鉛蓄電池、ニカド電池、ニッケル水素電池と進歩してきましたが、現在、リチウムイオン電池の用途が急速に拡大しています。

リチウムイオン電池は、軽くて携帯性がよく、高出力で大容量という特徴をもっています。リチウムイオン電池はニッケル水素電池の約三倍の電圧が得られ、大きな電力を蓄えることができます。自然放電も少ないです。また、充電した電気をすべて使い切らないままで継ぎ足し充電をすると本来の容量を発揮できなくなる「メモリー効果」が見られません。

ですから携帯、パソコン、タブレットなど、小型で大量の電力を消費するような端末には必ずと言っていいほど使われています。電気自動車への搭載の研究・開発も進んでいます。

リチウムイオン電池は、負極活物質は主として黒鉛（グラファイト）、正極活物質はリチウムの酸化物、電解質液は有機溶媒からなっています。

現在のリチウムイオン電池の原型を確立したのは旭化成の吉野彰名誉フェローです。二〇一九年、リチウムイオン電池の開発に対してノーベル化学賞受賞者三人のうちの一人となりました。

リチウムイオン二次電池の内部は、リチウムイオンを貯蔵する負極とリチウムと反応して電子の受け渡しをする正極に分かれており、充放電の際にリチウムイオンが電解液を介して正極〜負極間をせわしなく動きまわることで充放電が行われます。

しのぎを削る電気自動車の電池開発

一九九〇年代、二次電池の主流はニカド電池でした。ニカド電池は正極活物質がオ

◆リチウムイオン電池のしくみ

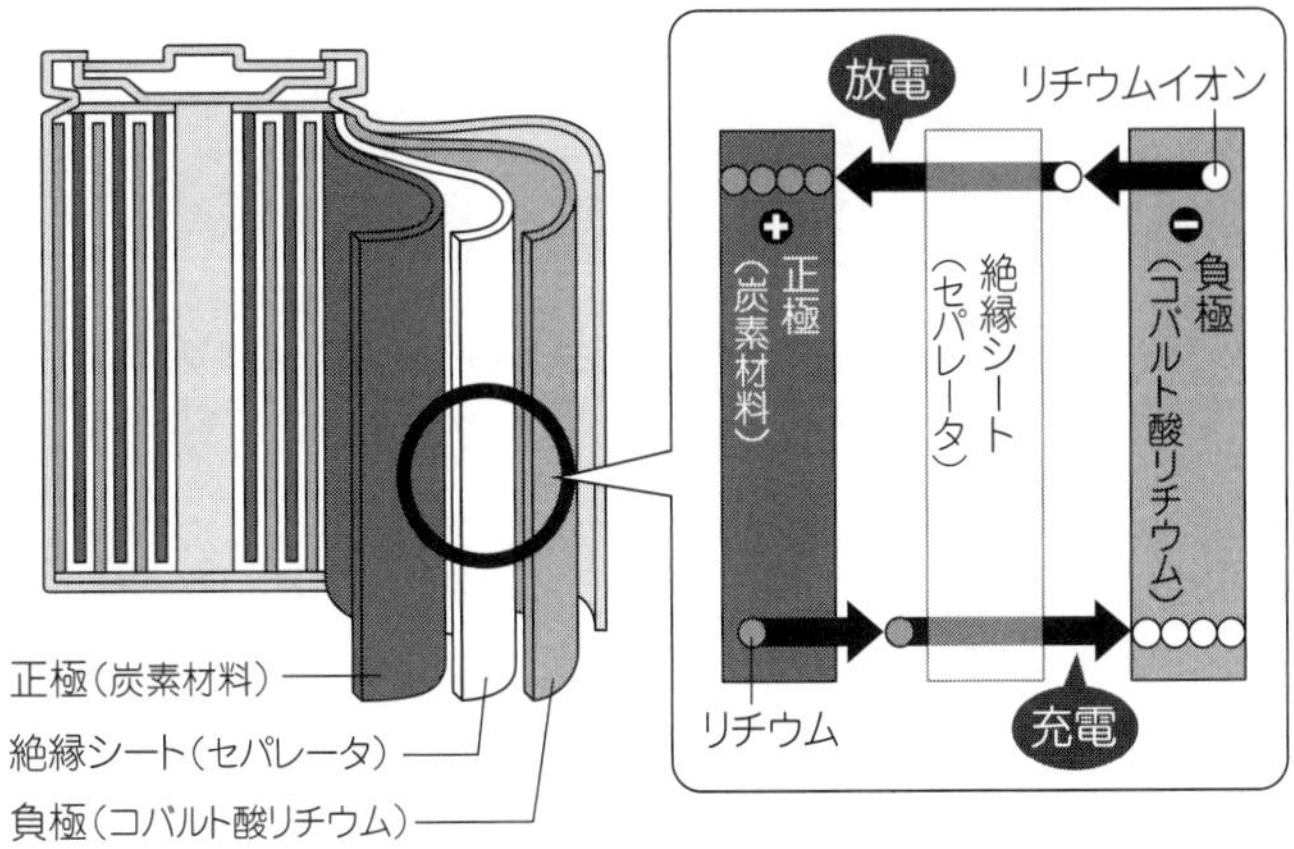

キシ水酸化ニッケル、負極活物質がカドミウム、電解質液が水酸化カリウム水溶液です。

二〇〇〇年にはニッケル水素電池が普及しました。ニッケル水素電池は、負極を有害物質のカドミウムから水素吸蔵合金＋水素に置き換えた電池です。ニカド電池と比べて電気容量が二倍という特徴があります。

その数年後には、リチウムイオン電池の時代が始まりました。

リチウムイオン電池の研究・開発が進み、安全性が高く、もっと軽いものが目指されています。

負極の黒鉛を金属リチウムに替えることができれば重さを一〇分の一にすることが

できます。デンドライトができてショートする危険性を抑える方法を研究中です。

正極に使われるコバルト化合物のコバルトはレアメタル。もっと資源が豊富で安い鉄化合物などに切り替えようと研究中です。

正極活物質を酸素にできれば、酸素は空気中から得られるのでその分電池を軽くできます。研究中の負極活物質を金属リチウムにすることと組み合わせれば、究極のリチウムイオン電池となります。そのときには電解質は液状ではなく固体電解質を使うことになるでしょう。

未来の車は電気自動車や燃料電池車が主になる可能性があります。電気自動車の場合には低価格で速く充電できる電池の開発がかぎになりますから、各社しのぎを削って電池の開発にあたっています。

未来の車のために
ライバルには
負けられないぞ

二又トンネル爆発事故

「爆発踏切」がある街

鉄道の踏切は、第一種踏切〜第四種踏切の四種類があります。

第一種は自動遮断機が設置されているか、または踏切保安係が配置されています。

第二種は一定時間に限り踏切保安係が遮断機を操作します。第三種は踏切警報機と踏切警標がついています。

第四種は、警報機も遮断機もなく、列車の接近を自分の目と耳だけで確認しなければなりません。そのため、四種類の中では事故が多い踏切です。そんな踏切が、全国に二七〇〇カ所以上も残っています。

「爆発踏切」は、九州の日田彦山《ひたひこさん》線の彦山駅と筑前岩屋駅の間にある第四種踏切です。通行するときに踏切が爆発するなどという危ないものではなく、過去にこの近くで起きた事件に由来します。

「爆発踏切」からは、遠目ながら二又トンネル跡の切り通し（オープンカット）になっている様子を見ることができます。そこは二又トンネル跡で、爆発事件が起こってトンネルは消滅してしまいました。

現在、「爆発踏切」には列車は走っていません。二〇一七年の九州北部豪雨で甚大な被害を受け、添田（福岡県添田町）－夜明《よあけ》（日田市）間は、列車が不通になっています。二〇二〇年七月、ＪＲ九州と沿線自治体のトップによる復旧会議が開かれ、バス高速輸送システム（ＢＲＴ）で復旧することで合意しました。もう列車が走ることはないでしょう。

二又トンネルがあった山全体が吹き飛んだ！

日田彦山線が開通する前のことです。沿線の陸軍小倉兵器補給廠山田填薬所が一九四四年六月の空襲で焼失してしまいました。そこで新たな火薬の保管場所を検討した結果、彦山駅から約五〇〇メートル南にあった二又トンネル（約一〇〇メートル）と吉木トンネルに目をつけました。この二つのトンネルは開通していたものの実際には使われていませんでした。

同年七月から翌一九四五年二月まで彦山駅まで貨物列車で火薬が運ばれ、彦山駅からはトロッコでトンネルに運び込まれました。

一九四五年八月十五日、日本が降伏し、それからおよそ三カ月後の十一月十二日、占領軍は、まず吉木トンネルに保管されている火薬を少量燃やし、爆発の危険性がないことを確認してから、二又トンネルの火薬約五三〇トンと信管（雷管＋安全装置）約一八〇キログラムの焼却処分を開始しました。

点火してから一時間半後の十六時半ごろ、火薬を燃やす炎がトンネル出入口からまるで火炎放射器のように噴出。その勢いの強さはトンネルから一〇〇メートル以上離れた川の対岸にあった民家に延焼する程でした。火はどんどん燃え広がり、住民はなんとか消火しようとしましたが燃え広がる炎の勢いを削ぐことはできず、十七時十五分ごろ、トンネル内に収められていた火薬が大爆発を起こして山全体が吹き飛びました。

もちろん、二又トンネルはこの爆発で山ごと吹き飛んだために消滅してしまいました。だから二又トンネル跡なのです。消火活動中の住民は飛んできた岩石に直撃されたり、降下してきた土砂に生き埋めにされてしまったのです。

付近の民家も爆発で吹き飛ばされ、火薬の搬入作業にあたった女性の多く

◆二又トンネル　「爆発踏切」の場所

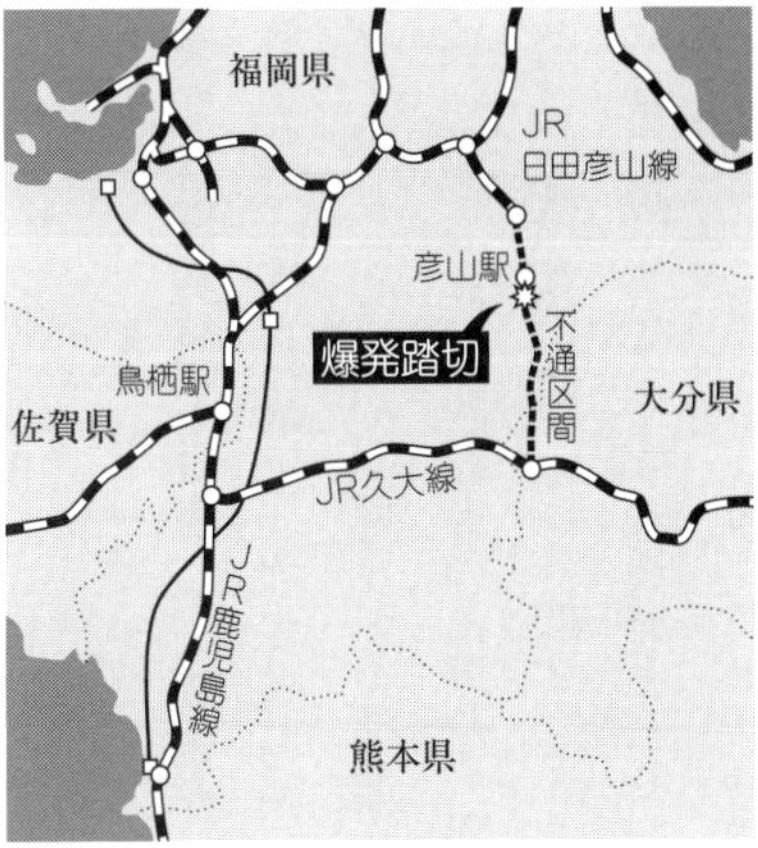

◆山全体が吹き飛んでしまった（点線がもとの山）

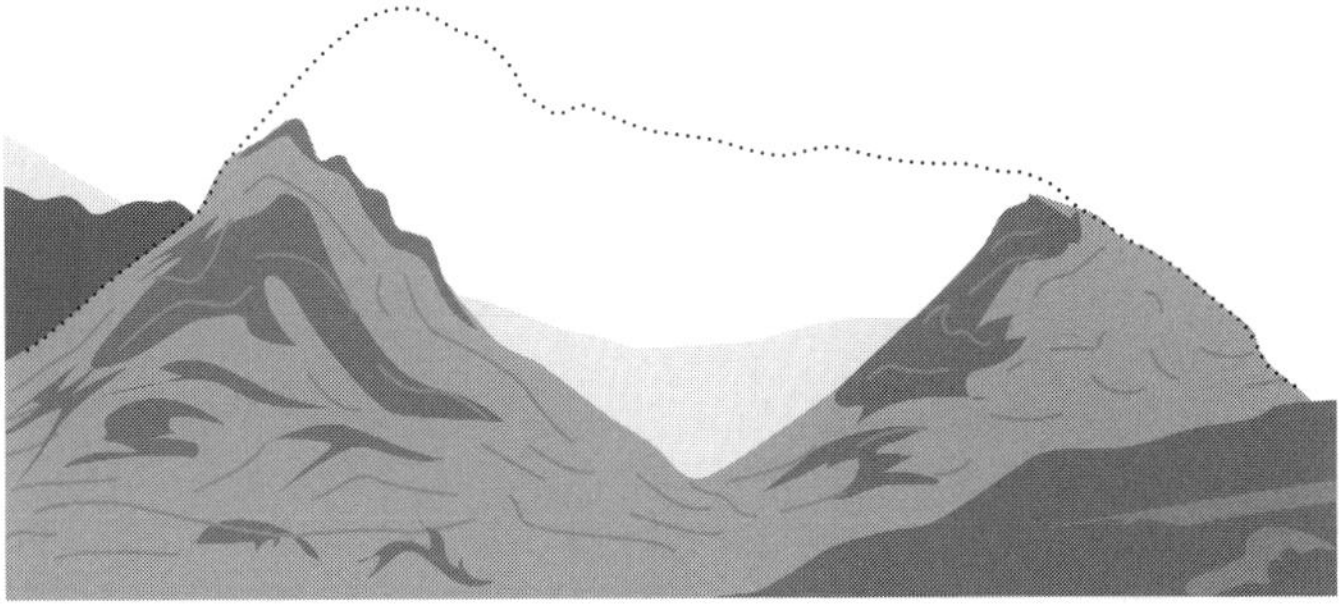

や、トンネルの見張りを行っていた巡査部長、山の麓でドングリ採集をしていた小学生二九名も犠牲になりました。結果的に死者一四七名、負傷者一四九名という惨事になりました。占領軍などが絡む事件事故は判明しているだけでも全国で二〇〇〇件以上ありますが、被害規模は全国一とされます。

火薬類は開放系では激しく燃焼だが、閉鎖系では爆発する

火薬とは、推進的爆発（音速以下で反応が伝わること）により発生したガス圧力を利用して、ロケットや弾丸などを推進させるものです。衝撃波を発生しないで爆発的に燃焼します。代表的なものに黒色火薬や無煙火薬といったものがあります。

爆薬は、破壊的爆発（一秒間に二～八キロメートル反応が伝わること）により発生した多量の熱とガスや衝撃波でまわりの物体に破壊効果を発揮するもので、代表的なものにダイナマイトやトリニトロトルエン（TNT）といったものがあります。

私は何度かニトログリセリンを合成して爆発させたことがあります。一度に合成するのはわずかですが、ろ紙上の油状のニトログリセリンを細いガラス管に吸わせて炎の中に入れると非常に激しく爆発します。

最後にろ紙上に残ったニトログリセリンの処理は、ろ紙ごと炎の中に入れます。爆発して危険ではないかと思うかもしれませんが、激しく燃えるだけです。

手品でよく見かける火をつけたらパッと燃えて消えてしまうティッシュペーパーもつくることができます。このティッシュペーパーは、外見は普通のティッシュとまったく同じで、水をふき取ったりもできますが、火をつけたらたちどころに燃えてなくなります。このティッシュはニトロセルロース（硝化綿）です。別名、綿火薬と呼ばれます。これも、試験管に詰めて、コルク栓をして、加熱すると爆発してコルク栓が飛びます。

火薬類取締法で禁止されていますが、おもちゃの花火も火薬を取りだして鉛筆のアルミサックなどに詰めて火をつけると爆発します。ロケット遊びをしようとして、手指にやけどをした教え子がいました。

占領軍が吉木トンネルで火薬類処理に成功したのは、トンネルが短い、火薬類が少ないなど開放系に近い状態だったからでしょう。しかし、トンネルの長さ約一〇〇メートルで火薬類が詰まっていたら、開放系に近い出入り口付近は激しい燃焼で火炎放射状態になり、中心部分は閉鎖系に近いので、その熱で爆発を起こしたのでしょう。

史上最悪の化学工場事故

ボーパール化学工場　MIC漏えい事故

二〇二〇年一月、私は、インドを一人旅していました。インドは何度も旅しています。今回はニューデリーのメインバザールのゲストハウスに泊まり、国立公園でやっと野生のベンガルタイガーを見ることができたりしましたが、旅の目的の一つはボーパール（ボパール）を訪れることでした。

ボーパールは、インドの中央部にあり、インドでもっとも貧しい州の一つであるマディヤ・プラデシュ州の州都です。諸々の崇高なモスク、壮麗な宮殿、みごとな庭園があります。

私は、ボーパール駅の近くのゲストハウスに泊まって観光することにしました。路線バスで世界遺産のインド最古といわれる仏教遺跡サーンチーの仏教建造物群を見に行き、鉄道で帰ってきたり、近郊の世界遺産ビーマベトカで奇岩群と中石器時代から

◆ボーパール化学工場の場所

有史時代の狩猟や宗教儀式の様子が描かれている岩絵群を見ました。

もっとも関心があったのは、史上最悪の化学工場事故を起こした周辺をまわってみることでした。

オートリキシャで化学工場付近をぐるぐるとまわり、開いていた入り口から入ろうとしたら守衛に止められました。「許可書がないと入れない」といわれました。事故を起こした工場は操業停止していますが除染されないままに残されています。入るのは諦めました。

デリーに帰る日、飛行場に行く途中で、「リメンバー　ボーパール　博物館」という小さな博物館に寄りました。タクシーの

◆イソシアン酸メチル（MIC）

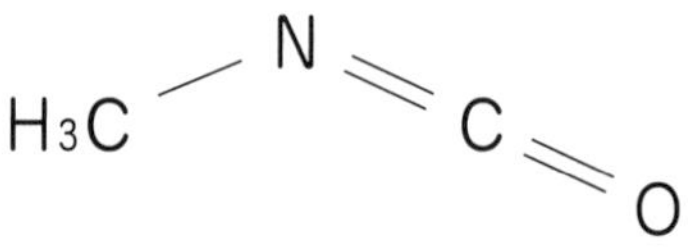

運転手は知らなくて、その近くで何回も地元の人に聞いても知っている人は少なかったです。やっと見つけて、入館すると、一階、二階にたくさんの写真やポスターが貼ってありました。子どもたちの遺体など痛ましい写真、事故への抗議集会などのポスターが多かったです。この博物館は、二〇一二年にボーパールガス被害の影響を受けた被災者、米国ユニオン・カーバイドによって引き起こされた水や土壌汚染と闘う活動家によって設立されました。

まず、史上最悪の化学工場事故の概要を知っておきましょう。

一九八四年十二月三日、米ユニオン・カーバイドのインド子会社の殺虫剤工場からイソシアン酸メチル（ＭＩＣ）の混合物をはじめとする致死性ガスが漏れ出し、五〇万人を超える人々がさまざまな健康被害を受けた。史上最悪の化学工場事故の一つとなりました。

この工場の近隣にはスラム街があったことから人口が密集しており、また事故発生が深夜であったため、多くの人々が避難できず、夜明けまでになんと二〇〇〇人以上が死亡しました。

ユニオン・カーバイド・インド社とＭＩＣ

ユニオン・カーバイド社は、米国の化学企業の一つであり、創業は日本では明治新体制に移行する直前の一八六六年でした。

カーバイドは炭化物のことを指す言葉ですが、普通、カーバイドは炭化物の中の炭化カルシウム（CaC_2）のことになります。

カーバイドは、水と反応させてアセチレンガス（C_2H_2）を発生させたり、窒素と反応させて肥料にする物質です。かつて化学工業の原料が石炭だったとき、石炭をむし焼きにして得たコークスと酸化カルシウム（生石灰）を約二〇〇〇℃に加熱してつくりました。カーバイドを水に入れるとアセチレンが発生します。アセチレンは、有機合成用に多く用いられ、さまざまな物質がつくられ、アセチレン化学工業が花開きました。今は、これらの化学工業は石油原料に切り替わっています。

アセチレンは今では肥料の石灰窒素の原料としてや溶接用のアセチレン・酸素バーナーに用いられています。

私の子ども時代には、屋台の照明用にアセチレンランプが使われていました。不純物の独特のにおいを思い出します。水の入った真鍮《しんちゅう》（黄銅）でできた容器にカーバイドを入れて発生したアセチレンを燃やしました。アセチレンは分子中の炭素の割合が大きいので、煤《すす》が多く、それで明るく輝くのです。

ユニオン・カーバイド社は、もちろん、元々はカーバイドのメーカーとしてスタートしましたが、その後、ガス、金属、プラスチック、石油化学の分野にまで広げていきました。そして、約四〇カ国に約七〇〇の工場、一〇万人の従業員を抱える多国籍企業となりました。一九八〇年代前半には、一〇〇億ドルの資産を持ち、年に九〇億ドルの売り上げがあり、化学産業界では、米国国内で第三位、そして世界では第七位の大企業でした。

一九六九年に、インドのボーパールに工場を開業しました。セビンという殺虫剤を製造するためです。このことは、インドの農民を害虫の呪いから解放するはずでした。

一九七八年以前には、セビンをつくる際、イソシアン酸メチル（ＭＩＣ）を使っていませんでした。

ＭＩＣは、無色透明の固体で、皮膚に接触すると、刺激があるだけではなく、場合によっては生命の危険がある物質です。また、吸入したりすると、呼吸器や中枢神経系に障害がでる可能性があります。ＭＩＣは、このような猛毒の化学物質ですから、屋外か換気のされている屋内で扱い、作業にあたる人は、必ず保護具を装着しなくてはなりません。このように、ＭＩＣは取り扱いの難しい化学物質ですが、ＭＩＣを使うことで、でる廃棄物の量が少なくてすみ、製造コストが下げられる点が評価され、採用されることとなったのです。

工場のまわりを取りまくスラム街には多数の貧しい人びとがユニオン・カーバイドから得る仕事にひかれてやってきて、すし詰めの状態で暮らしていました。

深夜に起こったＭＩＣ漏えい事故

一九八四年十二月二日の午後二十三時三十分ごろ、ＭＩＣの漏えい事故が起こりました。

その状況を、門奈弘己『化学災害』（緑風出版　二〇一五）をもとに見てみましょう。

その日の夕方に、ＭＩＣを貯蔵するタンク配管の洗浄作業を行った作業員のミスが原因でした。水がタンク内に入らないようにするための仕切り板を挿入し忘れたのです。新設された配管に不具合があったことも重なり、ＭＩＣ貯蔵タンク内に水が入り込みました。

ＭＩＣは、水と激しく発熱反応を起こし、数分のうちに、四二トンのＭＩＣが突然熱を発して、ものすごい速さで液体がガスの嵐になろうとしていました。気化したガスは、壊れた安全弁の部分からタンク外に漏れだしました。タンク圧の上昇やＭＩＣガスの漏えいで、工場の作業員は検知していたものの適切な措置を講じることができませんでした。ＭＩＣは、数時間のうちにすべて気化して漏えいし、一帯に広がっていきました。

そのとき吹いていた北西の風に乗って、ガスは人口の多い南東の地域へ拡散していきました。拡散した範囲は、約四〇平方キロメートルといわれています。

工場内では、場内放送で風の向きが伝えられたため、怪我人はでたものの全員が助かりました。一方、周辺住民向けの緊急サイレンは、十二月三日の午前一時ごろに鳴り始めました。本来、外部へ緊急事態を知らせるとき、そのサイレンは、止まることなく鳴り続けなければならないのですが、わずか三分ほどで止まってしまいました。工場の従業員の中で、「緊急サイレンが鳴り止んだこと」にすぐに気付いた者はいませんでした。そのサイレンが再び鳴り始めたのは、約一時間後の午前二時ごろでした。

多くの人たちが眠っている時間帯に事故が起き、かつ、緊急サイレンが正常に作動しなかったため、MICガスによって即死した人が二〇〇〇人を超える大惨事となりました。この数字は、あくまで「即死」であり、最終的には死者は一万四四一〇名まで増えました。また、MICを浴び、さまざまな障害を負った人は五万人にのぼります。悲劇的な夜とその後に亡くなった死者の正確な数は誰にもわからないでしょう。

また、後遺症がでなかった人たちをふくめれば、この事故の被害者は二〇万人とも三〇万人ともいわれています。この数の多さから、「人類史上最悪の化学災害」だといわれています。

MICを浴びた人びと

MICを浴びると、目がヒリヒリ痛む、涙が止まらない、咳が止まらない、呼吸困難、嘔吐などの症状がでます。夜が明けてから昼までの間に、MICを浴びた二万五〇〇〇人の周辺住民が、病院に押し寄せました。彼らが必要としている治療は、「失明を防ぐために顔を洗い、アトロピン剤を目にさす」「うがいをする」などでしたが、医者は適切な指示をだすことができませんでした。医者は、ボーパール工場でどのような物質が使用されているのか、製造されているのか、についてまったく知らなかったからです。

生き残ることができた人たちは、事故から数年経ってもさまざまな影響を受けていました。個人の健康面では、事故から五年経った一九八九年の時点で、工場周辺の七〇%の住民が、呼吸器疾患、目の疾患、生理不順、神経障害などで苦しんでいました。ＭＩＣの悪影響が、世代を超えて伝わるという、さらに深刻な事態も生じていました。ある病院では、妊婦の七六％が流産しました。また、新生児の四人に一人が生後二日以内に死亡しました。死産児の体内からＭＩＣが検出されるケースもありました。また、社会的なものとしては、事故をきっかけに職を失い、日々の暮らしに困る周辺住民が続出しました。そして、現在でも、多くの被害者が後遺症に苦しむなどの健康被害が続いているといいます。

経費削減のために安全装置がすべて使用できない状態だった

当時、ユニオン・カーバイド社が製造しているものより安価で安全な農薬が、市場にでてくるようになりました。そのため、ユニオン・カーバイド社は、赤字経営に陥るところとなり、更なるコストダウンが求められることとなりました。ここで切り捨てられたのは、「安全」の部分でした。そして、社員に対する安全教育がきちんとなされないまま、現場作業に当たることが多くなりました。そういった影響もあってか、ＭＩＣの施設の稼働開始から一年で事故が起きました。この事故以前に、何度か小さな事故やトラブルが生じていたため、専門家のチームが工場に調査に入りました。

その報告書では、適切な安全対策を講じなければ、いずれ大きな事故が起こりうると指摘されました。しかし、その指摘は真剣に捉えられず、一九八四年の後半には、ＭＩＣ部門の人員がカットされるという状況でした。

工場には、ＭＩＣに関する事故を大きくしないために、いくつかの安全装置手段が用意されていたにもかかわらず、正常に作動しませんでした。たとえば、ガスを燃やす焼却塔は修理中、ガスを中和する洗浄装置は、修理が終わったばかりで使用できない状態でした。また、ＭＩＣの気化を防ぐための冷却システムは、節電を理由に切られていました。もしも、これらの安全装置が事故時に働いていたら、被害の範囲の程度は多少は抑えられたことでしょう。

翌一九八五年、ユニオン・カーバイド社は、米国本国で、ボーパール事故より規模は小さかったが同様の事故を起こしました。この事故を受けて、米国では一九八六年に「緊急対処計画および地域住民の知る権利法」が制定され、「有害物質排出目録」が導入されました。周辺の住民に、工場が排出している化学物質の情報を公表する制度です。

インドでは、一九八九年になって、ユニオン・カーバイド社が、四億七〇〇〇万ドルの賠償金を支払うことに合意しました。一人三〇〇ドル程度です。

その後、負債を抱えたユニオン・カーバイド社は、化学企業大手のザ・ダウ・ケミカル・カンパニー（ダウ・ケミカル）の子会社となりました。

この原稿は、門奈弘己『化学災害』（緑風出版　二〇一五）、ドミニク・ラピエール、ハビエル・モロ、長谷泰訳『ボーパール午前零時五分（上下巻）』（河出書房新社二〇〇二）を読みながら、ナショナルジオグラフィックのテレビ番組『衝撃の瞬間五「ボパールの化学工場事故」』の録画を何度も観ながら書きました。ボーパールでは、この事故の関係場所をまわるツアーもあるようです。次回、ボーパールを訪ねたときには参加したいと思いました。

この事故の存在も内容もあまり知られていないようです。この事故は、化学関係を仕事にする人は知っておくべきことだと思いました。とくに門奈弘己さんが事例としてまとめたものを参考にしましたことを付記しておきます。

イタリア・セベソの化学工場での爆発事故

セベソの農薬工場からダイオキシン飛散

一九七六年七月十日の正午過ぎ、イタリア北部に位置し、スイスとの国境にも近いセベソで操業していたイクメサ化学工場で爆発事故が起きました。事故当日は休業日。点検や清掃作業が終わって、作業員が一段落したころに事故が発生しました。

イクメサ化学工場は、スイスのホフマン・ラ・ロシュ社（世界的な医薬品会社）傘下のジボダン社（スイスにある世界最大の香料会社）の子会社です。除草剤や外科用石けん製造に使われる、トリクロロフェノール（ＴＣＰ）やヘキサクロロフェンという化学物質を製造し、大部分を米国に輸出していました。

工場から数キロメートル離れた家屋にも、非常に大きな音や振動が伝わるほどの衝撃でした。大きな灰色のキノコのような形をした固まりが、工場の上にできていて、しばらくすると、白い結晶が周辺地域に降り注いできました。

◆セベソの位置

ジョンG・フラー、野間宏訳『死の夏―毒雲の流れた街』(アンヴィエル 一九七八)は、そのときのことを次のように表現しています。

「シューという悲鳴に似た大音響が、とどろき渡った。不気味で忌まわしいひびきだった。かつて聞いたこともない音だった」「外へ駆け出し、空を見上げた。巨大な灰色がかった白煙が、TCP反応器の安全弁の放出塔から、ものすごい勢いで、金属音をあげながら吹きだしていた。たちまちのうちに、とても細かい砂かほこりのような微粒子が、彼らのまわりに降りそそいできた。ヴィーロも顔じゅう、粉まみれになったが、半分濡れた砂のような膚ざわりだった。彼は、点検作業に使う布きれで顔をぬぐった。皮膚がひりひりしてきた。厚い白い霧がまわりじゅうをつつみ、木の葉も、地面も、工場の屋根も、たちまち細かくて白い結晶におおわれてしまった」「巨大なコーン・アイスクリームのような形をした雲が湧きだし、空をおおい、ころがるようにこちらへ向かってきた。それは、濃くて灰色がかった雲で、のたうちながら、突如としてさまざまな色に変化した。たちまち、彼らの頭をおおい、軽やかな風に乗って、ゆっくりと南の方角、ミラノのほうへと流れていった。

雲からは、悪臭をともなった、膚にふれるとひりひりする霧雨状のものが降り始め、木々や草花、通りの向こうのトウモロコシ畑など、いたるところに積もりだした。そして、テーブルの飾りつけにまでも降り落ちだし、レーナをがっかりさせた」

まだ、この事故の深刻さを知らなかった周辺住民は、白い結晶を浴びても、とくに気にすることはありませんでした。また、白い結晶を浴びた野菜、果物、家畜の肉を食べていました。

七月十五日になって、ジボダン社の調査で、この白い結晶の正体がダイオキシン類の中でもっとも毒性の強い二・三・七・八－テトラクロロジベンゾジオキシン

◆ダイオキシン類の中でもっとも毒性の強い
2, 3, 7, 8－テトラクロロジベンゾジオキシン（TCDD）

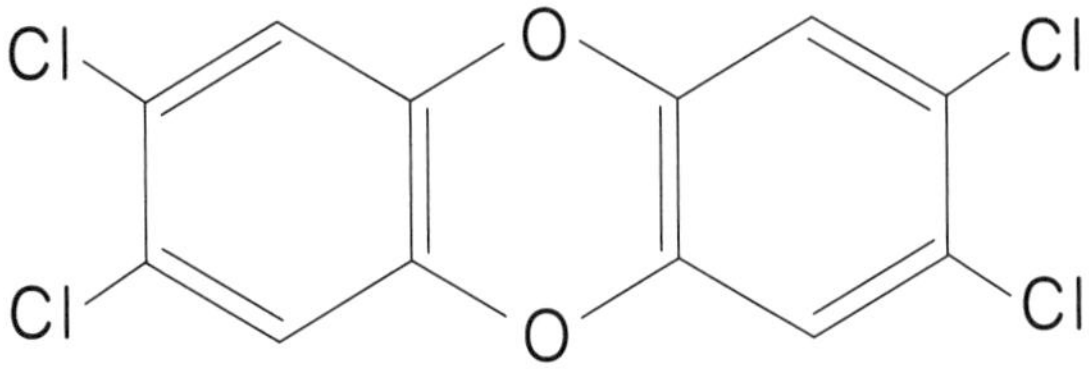

（TCDD）とわかりました。TCDDは、TCPやヘキサクロロフェン製造の際に、二〇〇℃を超えたときに、副産物として生成していたのです。ジボダン社がそのことを当局に報告したのは、事故から十日経った七月二十日でした。

周辺住民の目の前で力尽きて地上に墜落する野鳥、歩くこともままならない犬や猫、血を流して死んでいくウサギやニワトリなどの家畜類。TCDDが降り注いでいたことの影響は、まず小さい動物にでてきました。

爆発事故から二週間経った七月二十四日、汚染のひどかった地域の四〇世帯、二〇〇人以上に対して、強制疎開命令がだされました。そして、約三週間経った七月末になって、強制疎開地域は、一平方メートルあたり五マイクログラム（二〇〇万分の五グラム）のダイオキシンが検出された地域まで拡大されました。また、家畜が移動すると、汚染を広げる恐れがあったため、約五万頭が殺処分されました。

事故のきっかけと原因

この爆発事故のきっかけは、人的ミスでした。作業員が運転マニュアルを守らず、間違った操作をして現場を離れたのです。そのため、反応が暴走し、爆発が起きました。そして、この事故には、工場設計段階における技術的なミスも関係していました。何か起こったときに、毒物が直接大気中に噴きだしてしまうような場所に安全弁が設置されていたのです。また、廃液タンクや回収槽も取り付けられていなかったといいます。もし、これらのミスがなければ、被害の範囲も程度も、もっと低く抑えられていたはずです。

死者はでなかったが……

この爆発事故による直接の犠牲者（爆風、やけど、ダイオキシンの急性中毒などによる死亡）はいませんでした。しかし、さまざまな後遺症に悩まされたという人たちは、二二万人を超えると推定されています。ダイオキシン中毒の典型的な症状であるクロロアクネ（塩素挫創。肌の異常、吹き出物の一種）に悩まされる人たち、発疹、吐き気、倦怠感といった症状が続く人たちが多くでました。

さらに深刻なことは、世代を超えて被害がでたケースがあったことです。翌一九七七年、妊婦の流産率が三四％に達しました。また、奇形や障害を持って生まれてくる子どもも多かったので、カトリックの地域では、人工中絶の是非に関して大論争となりました。

また、ダイオキシンの汚染によって、故郷の土地に戻ることの出来ない人たちを数多くだしてしまいました。

ベトナム戦争で浮かび上がったダイオキシン

米国が大軍を投じたベトナム戦争の十年が、ベトナムに残した傷は深刻です。

一九六二年、米国国防総省は、ベトナムにおける「枯葉作戦」を承認しました。ジャングルを隠れ場にして奇襲攻撃や待ち伏せ攻撃をしかける解放勢力側に対して、米軍はジャングルを枯らし、丸裸にして上空からの爆撃をやりやすくしようと考えたのです。

これ以降、約十年間にわたって、南ベトナムの五〇〇〇万エーカー（東京都の約一〇倍）の地域に、輸送機で約七五〇〇万リットルの枯葉剤を、連日雨のようにまき散らしました。枯葉剤にはＴＣＤＤが不純物としてふくまれていました。このダイオキシンが、「枯葉作戦」で何百キログラムも散布されたといわれています。

ベトナムでのダイオキシン散布が一躍世に知られるようになったのは、ベトナムにおける奇形児出産のニュースです。

ベトちゃん、ドクちゃんのシャム双生児（体は一つなのに頭は二つ）の写真は衝撃的でした。

私は、ベトちゃんとドクちゃんがツーズー病院で分離手術を受けてから、ツーズー病院を訪ねたことがあります。ベトちゃんは病床に寝入っていました。ドクちゃんは元気でした。次に訪ねたときにはベトちゃんは亡くなっており、ドクちゃんは病院の職員になっていて、私たちのバスをバイクでしばらく追いかけて見送ってくれました。病院には頭が大きい（大頭症）などのさまざまな奇形児が入院していました。

このような奇形児の出産は、ベトナム戦争時に米軍がまいた「枯葉剤」に不純物としてふくまれていたダイオキシンが原因ではないかといわれたのです。

今では、ベトちゃん、ドクちゃんについては、ダイオキシンの影響かどうかについては専門家の間では賛否両論があります。

だからといって、ベトナムで異常出産、奇形児出産がふえたというベトナムの科学者の報告はウソとはいえません。

ベトナム戦争は、一九七五年米軍の敗退で幕を引きました。

三〇〇万人ともいわれる米軍ベトナム帰還兵の間でも、皮膚炎や神経症などさまざまな健康障害が発生し、奇形児が生まれました。そのため、枯葉剤のメーカーであるダウ・ケミカル社をはじめ九社を告訴し、一九八四年に一億八〇〇〇万ドルの補償金が支払われました。

ベトナムでの奇形児発生率をめぐる議論

一九八三年に実際にベトナムでその実態を見、ベトナムの科学者の報告を聞いてきた科学者がいます。その報告に耳に傾けることにしましょう。

その年の一月十三日〜二十日まで、ベトナムのホーチミン市のクーロンホテルで、国際シンポジウムが開かれました。

その国際シンポジウムの名称は、「戦争における落葉剤・枯草剤：人および自然におよぼすその長期的影響」というものです。

ベトナム戦争のとき、米軍が森林を破壊するためにまいた「枯葉剤」の影響について議論するためです。

参加者は、ベトナムをふくめて二一カ国、一三〇人（内ベトナム五五人）の科学者、他にオブザーバー資格の国連関係者などが五〇人近くでした。日本からは、生態学者の本谷勲さんと臨床奇形学者の木田盈四郎《みつしろう》さんの二人が参加しました。木田さんは、サリドマイド事件を通じて活躍された方です。本谷勲「ベトナム戦争による枯葉剤汚染の現状」『技術と人間』（一九八三年七月号）をもとに、そのときの議論の一端を見てみましょう。

お二人は、ツーズー病院の奇形胎児の標本を見ます。びんのラベルの日付は、七九、八〇、八一、八二年までありましたが、後の年ほど標本が多くなります。後からどんどんでてくるので、入れ替えて古い標本は別のところにしまっているのです。ベトナム側の説明は、当初は毒性が強すぎて、もっと初期に流産していたが、毒性が弱まってきたので、生まれるまで発育したのではないかというものです。

シンポジウムでは、奇形児の発生率をめぐって議論が紛糾しました。

枯葉剤がまかれた地域とまかれない地域で、まかれた地域では五％オーダーの発生率、まかれない地域では〇・五％オーダーでした。

しかし、主として先進国の科学者には、先進国の平均値が五％オーダーという常識があるのです。「データのとりかたがおかしい！」というところに議論が集中したのです。ただ、数項目（癒合胎児、胞状奇胎、口蓋裂、脊椎二分症、無脳症といったもの）では、明らかに高い発生率であることは確認されました。事実として奇形児発生はあるのです。

これについて、木田さんは、「先進国は、もう百年にもわたって、いろんな形で化学物質に接している。それで、奇形率五％なのであって、ベトナムではそういった化学物質との接触経験がない。十年間枯葉剤がまかれたところが先進国並になったと考えられないか」という仮説をたてていました。この仮説には、もちろん賛否両論がありますが、あり得る仮説ではないでしょうか。

環境中に存在するダイオキシンの発生源

日本では一九九七年からゴミ焼却施設の排ガス中のダイオキシンが注目を浴びました。ダイオキシンの摂取量は、ゴミ焼却施設周辺の大気からの吸入や畑で栽培された緑黄色野菜からの摂取よりも魚介類からの摂取が大きいことがわかりました。

主な排出源として野焼きや小規模焼却炉などでのゴミの燃焼が禁止されました。ゴミ焼却に関するダイオキシン対策でダイオキシン汚染が大気環境濃度では顕著に改善されました。ただし水環境における底質の濃度はほとんど横ばい状態です。とくにダイオキシンの発生源と推測されたのはゴミ中のポリ塩化ビニル（塩ビ）などでした。

塩ビ問題の発端は、実はダイオキシン問題ではなく、ゴミ焼却炉からの塩化水素の発生問題、安定剤にふくまれていた鉛やカドミウムなど有害重金属問題などでした。

塩化水素（水に溶ければ塩酸）は人体に有害な気体だし、それによりダイオキシンも生成します。

塩ビ業界や一部の科学者は、「ダイオキシン類は何を燃やしても発生する」と主張して、食塩もダイオキシン生成の塩素源になる、極端には食塩が主たるダイオキシン生成の塩素源という主張をします。そして、ゴミに酸性白土を加えて焼却し、塩化水素を発生させてダイオキシンを生成させる実験を行いました。酸性白土は粘土などにふくまれるアルミニウムやケイ酸の酸化物で、陽イオン交換能があるので、塩化ナトリウムと混合するとそのナトリウムイオンと結合し、塩化水素を生成し、ゴミにまぜて燃焼すればダイオキシンができます。実際のゴミ焼却では多量の酸性白土はふくまれていません。普通のゴミでの焼却実験では、塩ビなど有機塩素化合物はダイオキシン生成の主犯人という結果です。さらに塩ビに他のプラスチックを一緒に燃やすとダイオキシンの生成を助長します。

ダイオキシンの毒性

毒性は、大きく分けると、一般毒性と特殊な毒性があります。

一般毒性には、急性毒性（二十四時間以内の毒性効果）、亜急性毒性（三〜十二カ月の毒性効果）、慢性毒性（長期間反復した場合の有害効果）があります。

特殊な毒性には、催奇形性（奇形を起こす毒性）、変異原性（大腸菌に突然変異を引き起こす毒性）、発がん性、繁殖に関係する毒性（生殖機能や新生児の生育への影響）などがあります。

ダイオキシン類の中でもっとも毒性の高いＴＣＤＤを、ＬＤ五〇（半数致死量）投与すると実験動物を半数死亡させる投与量（体重一キログラムあたりに換算して数値化したもの）を動物種ごとに見てみましょう。一回の投与によるＬＤ五〇の単位は（マイクログラム／キログラム）です。

モルモットで〇・六、ラットで四〇、サルで七〇、ウサギで一一五、イヌで一五〇、マウスで二〇〇、ハムスターで三五〇〇です。動物種によってＬＤ五〇が大きく異なります。

種々さまざまな動物実験を考慮して、次の実験からダイオキシンの最小影響量が決められました。

妊娠中にダイオキシンを投与されたラットから生まれたメスの生殖器の形態異常は、明確な量・反応関係（化学物質の量と健康影響との関係）があり、実験の信頼性が高いと判断。

このときの最小体内負荷量（影響が出た最小の量）は、体重一キログラムあたり八六ナノグラムでした。この量に達するための人の一日摂取量は体重一キログラムあたり四三・六ピコグラムと算出。

この動物実験を人に当てはめる安全性を考慮して一〇で割り（つまり一〇倍厳しくして）、一日に体重一キログラムあたり四ピコグラム。これが現在のわが国の耐容一日摂取量（ＴＤＩ）で、一九九九年六月に定められました。

＊一ナノグラムは一グラムの一〇億分の一、一ピコグラムは一グラムの一兆分の一。

このように、ダイオキシンなどの毒性は、がんになるとか死亡するとかの単純な物差しで評価されるのではありません。体の形態や機能の異常など多種多様な物差しで評価しています。

最近では、もっとも感受性の高い（影響を受けやすい）胎児への影響を考慮して、摂取許容基準が設定されています。

世界保健機構（WHO）は、一九九八年、ダイオキシンの耐容一日摂取量を体重一キログラムあたり一～四ピコグラムとしました。これは動物での環境ホルモン（外因性内分泌かく乱）作用や感受性の高い胎仔、乳仔への影響を考慮して決められています。

ここ十年ほどではわが国のダイオキシン摂取量の体重一キログラムあたりの平均値は、一九九八年の一・九二ピコグラムから減少傾向を続け、二〇一八年で〇・五一ピコグラムです。最近は、わが国の耐容一日摂取量より十分低いのですがWHOのものからすると心配な面があります。

ダイオキシン摂取は、どの動物でも共通して、体重減少、胸腺萎縮、脾臓《ひぞう》萎縮、肝臓障害、造血障害などが起こります。しかし、クロロアクネは、人、サル、ウサギ、ヌードマウスで起こり、水腫（むくみ、浮腫）は、人、サル、ニワトリ、眼の脂漏《しろう》は、人、サルで起こり、他の動物では認められません。

「ダイオキシンは騒ぐほどの毒性はない」とする立場をとる人らがいますが、私は、『死の夏―毒雲の流れた街』を読んだときに、セベソの事故で、ダイオキシンによって野鳥などがばたばた死んでいく様子をイメージして、人だけを見て毒性を云々するのは駄目だと思ったし、多種多様な影響があることを考慮したほうがよいと思いました。

たとえば、先天異常総数の出産率は一九七二年には〇・七％でしたが、二〇〇五年には一・五％を超えました。七〇人に一人以上の割合で生まれています。その原因がダイオキシンとは断定できませんが、天然化学物質や人工化学物質が母体に影響している可能性は十分にあり得ます。

ＴＣＤＤは、マウス、ラットおよびハムスターのすべての慢性毒性実験で発がん性があることが報告されています。さらに人にも発がん性が明確だと、ＷＨＯのがん研究専門組織である国際がん研究機関（ＩＡＲＣ）による発がん性評価で、グループ一にランクされています。

事故などの高濃度の曝露の際の知見が根拠です。なお、ダイオキシン類自体が直接遺伝子に作用して発がんを引き起こすのではなく、他の発がん物質による発がん作用（がん化）を促進する作用（プロモーション作用）であるとされています。

ＩＡＲＣがＴＣＤＤをグループ一へとランク変更したことについて、「ダイオキシンは騒ぐほどの毒性はない」とする立場をとる人らは、「最後は〝僅差の投票結果〟で、その審議に参加できなかった専門家が多く、最善の手続きを踏んだ結論ではなかった」という「裏話」で非難しています。私は、そのような本当かどうか確認しようもない「裏話」を語るのではなく、グループ一にした根拠を科学的に検討して批判すべきだと思いました。

ダイオキシンが微量で毒性を発揮する作用メカニズムには不明な点が多いのですが、一種のホルモンのような仕方で作用するという考えがあります。いわゆる環境ホルモン（外因性内分泌かく乱物質）として、ダイオキシンが細胞内の何らかの受容体タンパク質と結合し、このタンパク質の働きで、いろいろな遺伝子が活性化され、がんや先天異常などのさまざまな健康障害が生じるという考えです。

なお、ダイオキシン類が人間の健康にどのような影響を及ぼすのかまだ未解決の部分が数多く残されています。

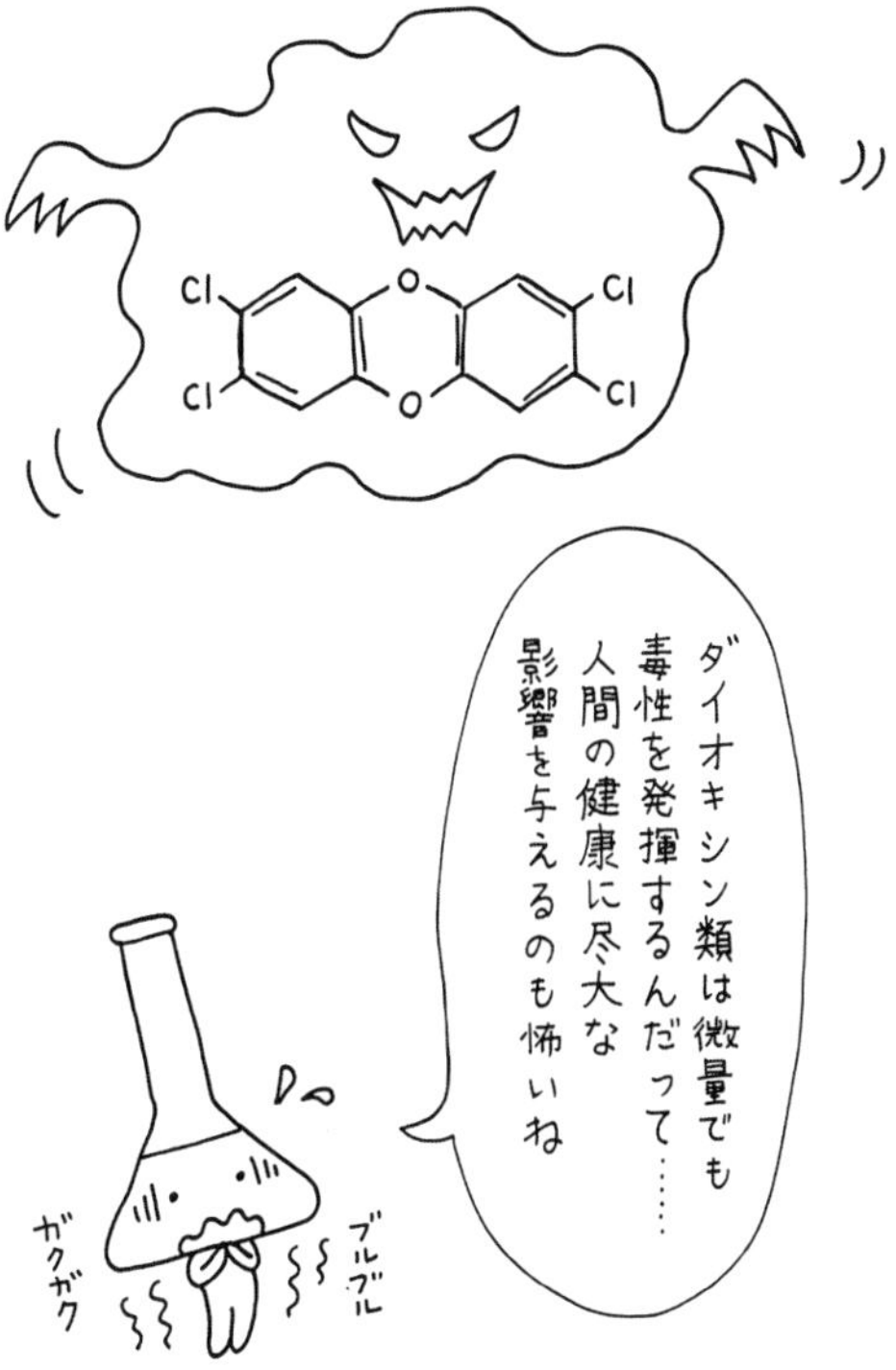
Cl
Cl
O
O
Cl
Cl
ダイオキシン類は微量でも
毒性を発揮するんだって……
人間の健康に尽大な
影響を与えるのも怖いね
ブルブル
ガクガク

ナトリウムを制御できなかった高速増殖炉

高校化学の授業でナトリウムの実験

ナトリウムは周期表ではもっとも左側の縦に並ぶ一族元素の水素を除くリチウム以下のアルカリ金属に属します。

銀白色の軟らかい金属です。手でも千切れるくらいです。

私は、高校化学の授業で、アルカリ金属元素ではリチウム、ナトリウム、カリウムの実物、その水との反応を見せていました。

試薬びんの灯油中からナトリウムの固まりを取りだして、ろ紙の上に置き、カッターで切断して、その断面の金属光沢を見せていました。さらに米粒大に切り取り、水の入ったビーカーに投入。ナトリウムは水素ガスの泡を立てながら水面を動き回ります。最後にパチンと弾けますので、ガラス板でおおいます。

ナトリウムを使った学校での化学実験事故

このような経験をもとにして、私は『理科の実験　安全マニュアル』(左巻健男・山本明利・石島秋彦・西潟千明　東京書籍　二〇〇三)の化学分野を書きました。事例は実際の学校での化学実験事故などを収集しました。その際はたくさんの人の協力を得ました。

その本に「一二・ナトリウム、カリウムと水で爆発」を書きました。

【事故事例】

- もう反応するナトリウムはないと思い流しに捨てたら、発火爆発。
- ナトリウム、カリウムと水の反応で、水面に生じた液体の粒が飛散。
- ナトリウムのくずが残っていた広口びんに硝酸を注いだため、急激に反応し出火。
- シャーレなどの中でふたをして反応させたとき、発生した水素のためにふたが飛ばされた。
- ナトリウム、カリウムと水の反応で生じたミストを吸い込んだら激しく咳が出た。

- カリウムを灯油中から取り出して、ナイフで切ったところ発火。

【事前注意事項】

一　ナトリウム、カリウムは、ともに水と接するとはげしく反応する。そのとき、水素を発生する。カリウムは水中でも発熱のため水素に引火し燃焼する。また、水面で融解したものが爆発的に飛び散ることがある。水と反応させるときは、米粒大程度以下（四×四×四㎣〈約六〇㎣〉以下）にし、内径一六㎜より細い試験管では危険であるので用いないようにする。

二　二個以上のナトリウム片を同時に水面上に置くと、融解して合体し、大きな塊になるから危険である。

三　試験管を用いてナトリウムと水の反応を観察させるときは、三〇℃以下の水約一〇㎖を入れた太めの試験管を試験管立てに立て、この中へナトリウム片を投入し、側面から一m以上離れて観察させるようにする。絶対に上からのぞかないようにする。

四　シャーレや水槽で水と反応させるときは、ふたやガラス板で上部をおおうようにする。ただし、密閉すると危険。

五　手などに触れると薬傷をおこすので、絶対に皮膚に触れないようにする。

六　カリウムは、比重が小さく、強く発熱し、小粒でも水の上をすべりながら火をふいて、飛び散りながら反応する。ナトリウムより危険が大きいので、ドラフト中で行うか、安全眼鏡をかけて行うようにする。

【事故時の救急処置】

・皮膚についたときは、ナトリウム、カリウム片や飛沫を直ちに取り去り、すぐに多量の水で三十分くらい洗う。その後、三％酢酸で中和する。
・燃焼時の煙霧を吸入したときは、できるだけ多量の水を飲むようにする。
・目に入ったときは、できるだけ早く水洗を約十五分間続けた後、専門医の診察を受けるようにする。

【解説】

・ナトリウム、カリウムの保存

ナトリウム、カリウムは水および酸素と激しく反応するので、びんに灯油を入れ、その中に沈めて販売されている。びんが割れると火災を発生する危険が大きいので（地震を予想）、びんを緩衝材で包んで、ふたのある金属製容器に納めて保管する。

ナトリウムの使用や灯油の蒸発によって液面が低下し、ナトリウムの上部が液面から露出したら灯油を補充する。補充する灯油は塩化カルシウムで脱水して用いる。

・ナトリウムの処理

実験で不用になったナトリウムはエタノールと反応させてしまうようにする。エタノールにナトリウム片を加えると、下に沈んで水素を発生させながらナトリウムエトキシドになって溶けていく。残った廃液は強塩基（アルコシドは水酸化ナトリウムより強い塩基）なので、皮膚に触れないようにして多量の水に流し去ること。

【参考文献】

・中西啓二・加藤俊二『化学実験の事故をなくすために――100%安全な生徒実験』(化学同人　一九八四)

ナトリウムやカリウムはなかなか危ない物質なのです。

ナトリウムは米粒大を水に投入しても最後に弾ける程度で、発火することはないのですが、もし少量の水の水面にろ紙を置いて、そこにナトリウムを置くと発火します。オレンジ色の炎をあげながら水素が燃えだすのです。まわりに水が多量にあると発熱しても発火するまでの温度にならず、水で湿ったろ紙の上なら熱があまり逃げないから発火するのでしょう。

なお、カリウムは水に投入すると紫色の炎をあげながら水面を動き回ります。ナトリウムより原子核がずっと大きいので、最外殻の電子一個がナトリウムより水に奪われやすい(与えやすい)と考えることができます。

ナトリウムの大きな固まりを川に投げ込んだ

私が工業高校工業化学科の生徒だったときのことです。どうしてそうなったか記憶にありませんが、「左巻君、このナトリウムを処理してくれ」と教員に言われ、灯油が蒸発して、表面ががちがちになったナトリウムの大きな固まり（棒状）がいくつか入ったびんを渡されました。

高校の校庭に川が流れていました。私はナトリウム入りのびんを持って橋の上に立ちました。

私は、まず小さな固まりを川に投げ込んでみました。ナトリウムは爆発して水柱があがりました。次に大きな固まりを投げ込んだら、さらに大きな爆発が起こって大きな水柱があがりました。

ナトリウムは、小豆粒大くらいなら水と反応してすぐに爆発、ということにはなりませんが、大きな固まりだと爆発します。これは、ナトリウムと水の反応によって発生した水素による爆発と説明されることがありますが違います。ナトリウムが水との反応熱で融解し、温度が上昇し、表面は水酸化ナトリウムを主成分とする皮膜でおおわれます。六〇〇～八〇〇℃になると、皮膜は融解し、内部のナトリウムが水と直接接触して爆発が起こり、衝撃波が発生します。

きっとナトリウムの処理を頼んだ教員は、小さく切ってエタノールとおだやかに反応させて処理することを期待していたのかもしれません。

この経験でナトリウムが好きになってしまった私は、大学ではナトリウムの固まりを並べて、ホースで水をかけて、爆発してちりぢりになった小片があちこちに飛んだところでぽっぽと炎をあげて燃えるのを、友人たちに見せたりしました。

以来、私は、金属単体やモノたちに強く惹きつけられたまま大学、大学院にすすみ、化学を学んできました。大学院では、白金の仲間を触媒としていじっていましたが、しばらくしてから科学教育のほうに専門を変えたものの、物質の世界への興味は持ち続けています。

原発になぜナトリウム？　高速増殖炉「もんじゅ」の事故

一九九五年十二月、福井県敦賀市の原子力発電所「もんじゅ」でナトリウム漏れ事故が起きました。

「もんじゅ」は高速増殖炉という特別な原子炉の実用化のための原型炉でした。

◆「もんじゅ」主系統概念図とナトリウム漏れ箇所（×）

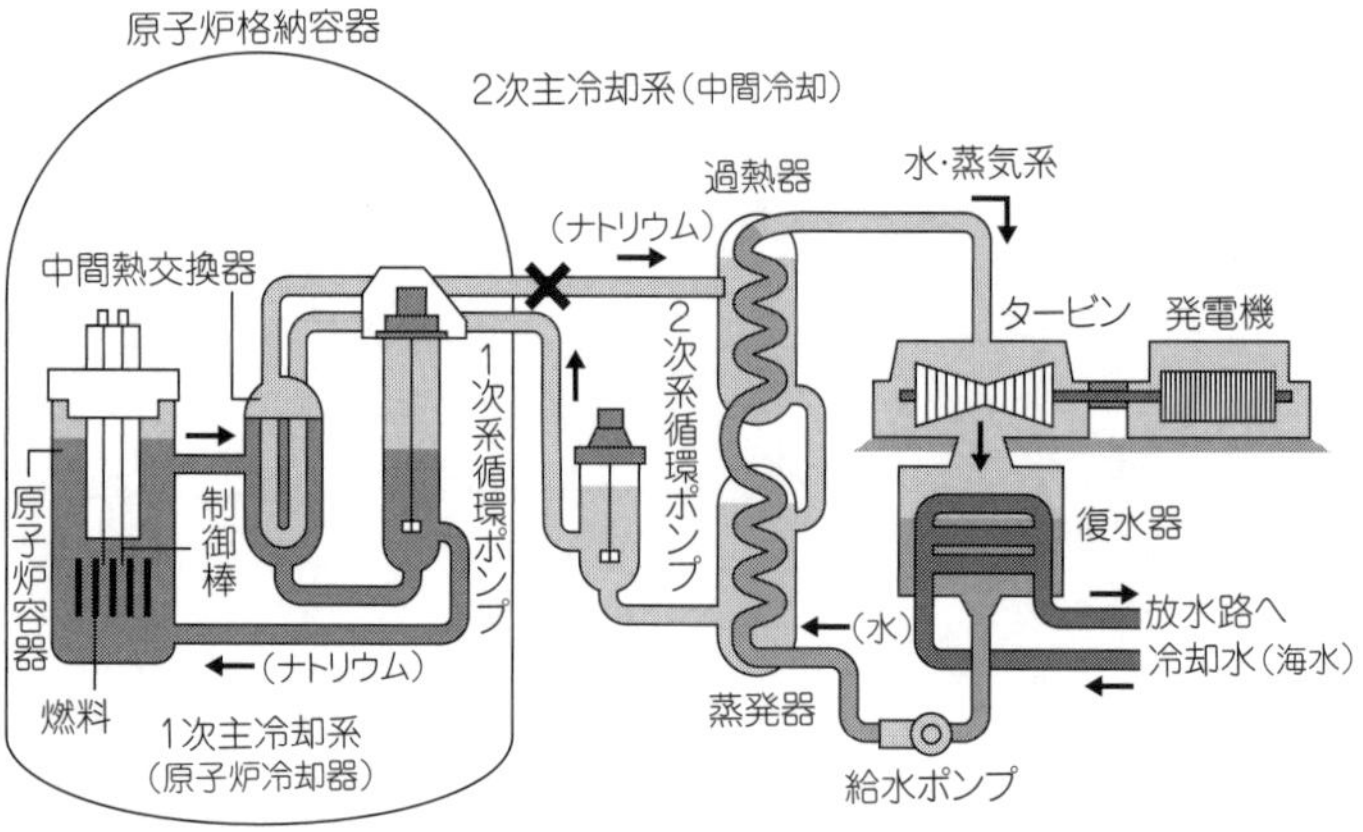

高速増殖炉は、実験炉、原型炉、実証炉、実用炉と段階的に開発が進められます。実験炉で技術の基礎を確認し、原型炉で発電技術を確立して、実証炉で経済性を見通すことで、実用化します。

原型炉の「もんじゅ」はほとんど発電をすることなく廃炉が決定し、今は廃炉作業中です。その一番の原因が冷却材のナトリウムを制御することが難しかったからです。

世界で運転されている原発は軽水炉が中心です。軽水炉では軽水（普通の水）を減速材と冷却材を兼ねて使っています。

では、どうして高速増殖炉の「もんじゅ」はナトリウム（しかも融解した液体状態）を使っているのでしょうか。

まず高速増殖炉の「高速」「増殖」をみておきましょう。

「高速」は、後の増殖が高速という意味ではありません。高速のエネルギーの高い中性子を使うという意味です。軽水炉では、ゆっくりとしたエネルギーの低い中性子を使います。

「増殖」は、核燃料を発電のために消費した量よりも増やすという意味です。軽水炉で核燃料に使うのはウラン二三五です。これは天然ウランの中に〇・七%しかふくまれていません。エネルギー資源量としては石炭・石油・天然ガスと石油換算で比べてずっと少ないのです。そこで高速増殖炉では、プルトニウムのまわりに濃縮した劣化ウラン（軽水炉で核燃料にできないウラン）を配置して、ウランに高速の中性子を吸収させてプルトニウムに変えるのです。

原子炉の原理としては軽水炉の加圧水型原子炉と同じですが、水を使いません。水では中性子が水の水素原子に当たると減速されて高速の中性子ではなくなってしまうからです。

そこで、液体にしたナトリウムを使います。ナトリウムは自然発火温度よりも高い五〇〇℃近い温度で液体として配管を流します。

中性子を減速しないナトリウムは、あまり高価でなく熱をよく伝え融点も低く、高速増殖炉に最適の冷却材なのです。

ところが、このナトリウムを使うことにはたいへんな無理があります。

高速増殖炉でも軽水炉でもタービンを回すのは結局高温・高圧の水蒸気です。高速増殖炉ではどこかでナトリウムと水の熱交換をしなければなりません。

一次冷却系の原子炉の熱で温められたナトリウムは中間熱交換器を通して二次冷却系のナトリウムに熱を伝えます。二次冷却系のナトリウムの熱は蒸気発生器に送られ、そこで水を蒸気に変え、さらにその蒸気をより温度の高い過熱蒸気にします。ですから、水は三次冷却系になります。

二次冷却系のナトリウムと三次冷却系の水とが、細管を隔てて水と背中合わせに流されることで熱交換が行われます。

しかし、熱交換の細管に穴があく事故は珍しくありません。また、ナトリウムは、空気中に漏れると火災を起こし、建屋のコンクリートとも激しく反応します。これまでに各国が「もんじゅ」同様、試験段階でナトリウム火災を経験し、前途の多難を考えて高速増殖炉から撤退しました。

「もんじゅ」のナトリウム漏れ事故では、温度計をおおう管の設計に初歩的設計ミスがありました。温度計をおおう管がナトリウムが流れることで起きる振動で折れてしまったのです。ナトリウムは折れたところにできた小さな穴から漏れました。ナトリウムの配管は、その熱特性のため直径八メートルに対して厚さ一センチメートルという大変華奢なつくりです。日本ではとくに、地震で配管が裂けて、大量にナトリウムが漏れて大火災になることが心配されていました。

ナトリウム以外にも、高速増殖炉は、原子炉の暴走が起きやすく事故の被害も大きいという本質的な問題があります。それは、プルトニウムの核分裂特性や、増殖を優先させて高速中性子を使っている無理のためです。

「核燃料はリサイクルできるエコなエネルギー源」という話を支えるはずだった高速増殖炉は、世界中で破綻をきたし、プルトニウム増殖の夢は儚く消えたようです。最初に高速増殖炉を手がけた米国、もっとも進んでいた原発大国フランスも止めました。それでもロシア、中国、インドは高速増殖炉の研究開発を進めているようです。

地図からも消されていた毒ガス製造工場の島

ウサギさんが歓迎！　大久野島紀行

私は、二〇一〇年、瀬戸内海の大久野島《おおくのしま》（広島県竹原市忠海《ただのうみ》町大久野島）を訪ね、国民休暇村に宿泊しました。

忠海駅から徒歩七分の忠海港からフェリーで約十五分、大久野島に着きます。

大久野島は、全島が国民休暇村になっています。宿舎、プール、テニスコート、海水浴場などがあり、島を巡る遊歩道もあります。ウサギたちとの出合い、季節によって変わる新鮮な瀬戸内海の海の幸などで人気です。

港から休暇村のバスで本館へ。本館前でバスを降りると、ウサギたちがお出迎えしてくれました。島内には約三〇〇羽のウサギがいました。このウサギたちは、島外の小学校などで飼われていたウサギが持ち込まれて増えたということです。

ウサギは本館前にたくさんいますが、遊歩道を歩いたり、サイクリングしていると

◆大久野島の位置

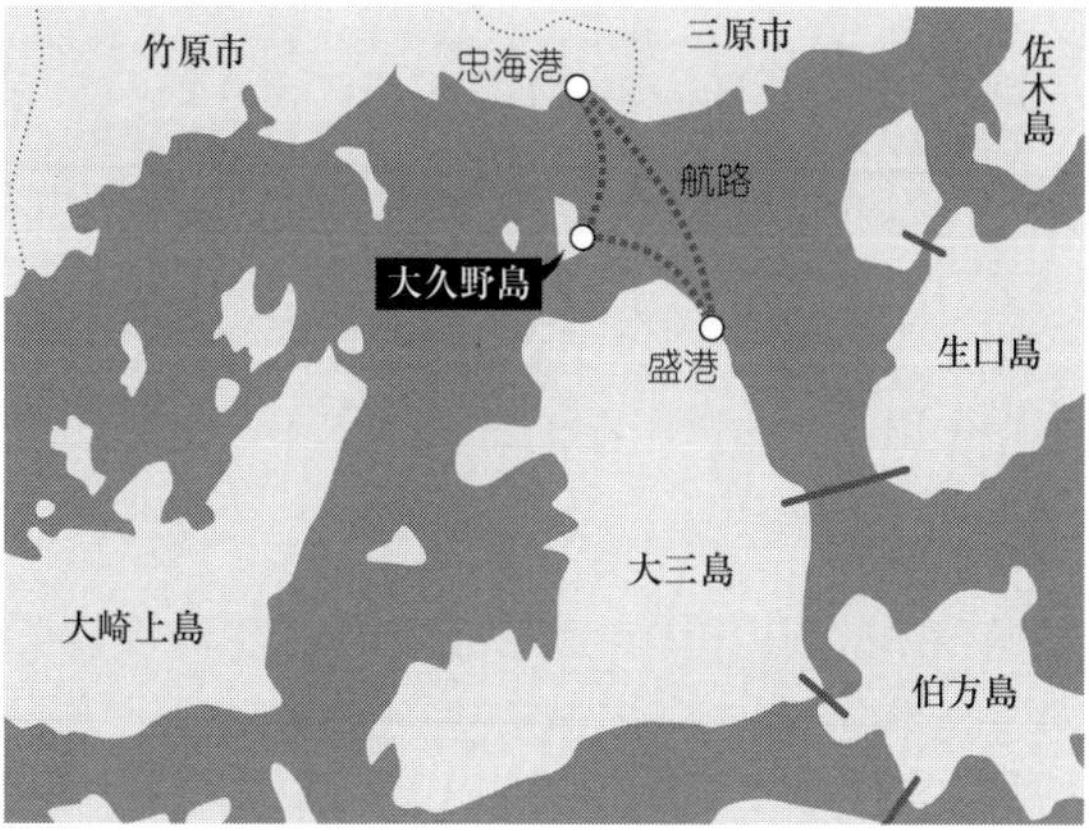

あちこちで見かけました。本館前のウサギたちは客が来ると寄ってきます。エサが貰えるからです。山中にいるウサギたちは人に寄ってこないで逃げました。エサを貰って暮らしているのではなく、自前でエサ取りをしているからでしょう。

遊歩道を歩くのは次の日に島の中央部にある標高一〇〇メートル弱の「ひょっこり展望台」へ行くのでとっておいて、まずは自転車で一周しました。

宿泊施設から時計回りに自転車を走らせると、すぐに三軒家毒ガス貯蔵庫跡の二つの部屋が見えてきました。ここには、猛毒で皮膚がただれるびらん性ガス・イペリットがかつて貯蔵されていました。さらに進むと、島内で最大の長浦毒ガス貯蔵庫跡へ。約一〇〇トンの毒ガスタンク六基が置かれていました。戦後処理のとき、火炎放射器で焼き払ったので、壁面が黒くただれたようになっていました。

さらにしばらく行くと登り道になり、明治時代中期、日露戦争の時代におかれた砲台の跡がありました。

港の手前で周遊道路から少し入ると、「危険・立入り禁止」と看板のでている「発電場跡」がありました。三階建てのコンクリート製の廃墟は、かつては六〇〇キロワットの火力発電機が何台か動いていた発電所跡です。山中に異様な姿をさらした廃墟になっています。

次の日、展望台への散歩道では、コバノミツバツツジ、ミモザやオオシマザクラの花がきれいでした。

展望台からはＮＨＫ「ひょっこりひょうたん島」のモデルにもなった瓢箪島やしまなみ海道の多々羅大橋も見ることができました。高さ二二六メートルの送電線も近くに見ることができて圧巻でした。

第一桟橋の近くには、赤レンガ建てのモダンな平屋で、こじんまりした大久野島毒ガス資料館があります。この資料館は、広島県ほか関係市町や障害者団体の協力によって一九八八年に開設されました。島を訪れた人が立ち寄ったり、小・中学生の平和学習の場になっています。

一九二九年日本の帝国陸軍により大久野島に毒ガス製造工場が設置されました。一九四五年終戦までこの島は秘密の島として地図から抹消されていました。

大久野島毒ガス資料館は、島の毒ガス製造の歴史と毒ガスによる被害を展示しています。島で製造に従事した人たちにも毒ガスを浴びてしまった事故が多々起こり、多数に後遺症が残されました。毒ガスの悲惨さが伝わりました。

太平洋戦争中、大久野島で極秘に毒ガス製造

大久野島の毒ガス製造工場は、一九二九年に生産を開始しました。一九三三年には工場が拡張され、さらに一九三五年に再び拡張されたころにはマスタードガス（イペリットガス）、ルイサイト、数種の催涙ガス、シアン化水素（青酸ガス）をすべて極秘で生産していました。

国際法上禁じられている毒ガス製造とあって、厳しい機密保持がされました。当時

はほとんどが軍属でした。

学徒動員で女子学生なども狩りだされていました。当時、「学徒を毒ガスに関わらせてはならない」という原則があったもののドラム缶に入った毒物運搬など毒ガスに直接関わる危険な作業にも従事しました。

一九三七年七月、盧溝橋の一発の銃声で日中全面戦争になると、工員は一〇〇〇人の大台に乗りました。最盛期には五〇〇〇人もの人々が、二十四時間フル稼働で、各種毒ガスを製造しました。毒ガスは中国の前線へ送られました。

毒ガス工場では工員も毒ガスに曝露されて犠牲になります。最初の犠牲者は、一九三三年七月、シアン化水素を注入するとき、誤ってその飛沫を防毒面の吸収缶に受けてしまった青年で、一瞬にしてガスを吸い、急性青酸中毒になって倒れました。仰向けに寝かされたときにはすでに全身に恐ろしいけいれんが来た後で、まったくの手遅れの状態。なんとか一日生きながらえただけで息を引き取りました。工員の多くが長期にわたりマスタードガスなどを吸入して呼吸器疾患が発生し、大久野島で働くと一度は肺炎にかかるといわれました。

桟橋近くの広場には、「大久野島毒ガス障害死没者」の霊安らかに、と一九八五年に建立された、戦時中の毒ガス製造と戦後に死亡された人々の慰霊碑が立っています。毎年十月に慰霊祭が行われています。一九八九年十月の時点で、一六六二人だそうですが、さらに今は増えていることでしょう。

毒ガスのマスタードガス、ルイサイトとは?

大久野島でたくさん製造されたマスタードガスとルイサイトは、どんな毒ガスなのでしょうか。

マスタードは辛子という意味で、辛子のようなにおいがするのでマスタードガスと呼ばれます。イペリットとも呼ばれます。

揮発性の液体で、皮膚、内臓に対して強いびらん性を持っています。「びらん」とは、医学で、皮膚や粘膜の表層が脱落した状態を指します。その毒性は遅効的かつ持続的です。

皮膚に触れると、皮膚がただれ、やけどのようになり、治ってもケロイドが残ります。吸い込むと肺まで冒されてしまいます。

イペリットとも呼ばれるのは、第一次世界大戦時にベルギーのイーペルでの戦闘（イーペルの戦い）中に毒ガス兵器として用いられたからです。

ルイサイトも、びらん性の毒ガスです。「死の露」とも呼ばれるルイサイトを、動物実験で毛を刈ったウサギの皮膚に一滴垂らすと、みるみるうちにその跡が紫色に抉《えぐ》られていったといいます。人間なら、その一滴を飲み込むだけで三十分で絶命するとのことです。付着した皮膚は激痛をともない、吸い込めば吐き気から体内全体にひどい障害が起きます。

太平洋戦争末期、大久野島の毒ガス兵器製造を止めた理由

日本の帝国陸軍は毒ガスを兵器に使うことを、海軍や空軍より高い関心を示し、一九三三年に習志野に陸軍習志野学校を設立しました。この学校はその後の十二年間で毒ガス兵器を使った化学戦の専門家を約三三五〇人輩出しました。学校に残っていた毒ガス類は太平洋への海洋投棄や米軍による接収でほとんど処分されたといいます。研究成果は七三一石井部隊の生物兵器などの研究成果と共に米軍に引きつがれて、朝鮮戦争で活用されたといいます。

日本は、一九三九年夏以降に中国の国民党および共産党の軍に対してマスタードガスを使いました。もっとも大規模に使ったのは武漢占領の四カ月にわたる作戦（一九三八年六月十二日〜十月二十五日）で、約三七五回ガス攻撃をしたといいます。

ところが大久野島の毒ガス製造は太平洋戦争開始前後が最盛期で、一九四三年ごろからは次第に発煙筒や普通爆弾の製造が主体になり、毒ガスの製造が行われなくなっていきました。

一つめの理由には、一九四二年六月の米国のルーズベルト大統領が日本に対して放った言葉がありました。

「もし日本がこの非人道的戦争手段を、中国あるいは他の連合国に用いつづけるなら、このような行為は米国に対してなされたものとわが政府はみなし、同様の方法による、最大限の報復がなされるだろう」

この警告は、中国における日本軍の毒ガス兵器使用の確証を握ったからです。一説にはこれを期に日本軍の中国での毒ガス兵器使用が収まったといいます。

米国内では、増大する米国軍の犠牲から、毒ガス兵器を使用すべしという世論が高まっていました。このような情報をキャッチした日本政府は、国際赤十字委員会などを通じて、「日本軍は中国で毒ガス兵器を使用せず」と言い訳をしたが、相手にされず、かえって毒ガス兵器の準備が進められました。実際、もう少しで日本軍に対して毒ガス兵器が使われようとした事態もありました。

もう一つは、資材不足です。毒ガス兵器をつくるために大量に必要な鉄は、普通爆弾にまわすべきと考えられました。また原料として必要な食塩も食用にすら不足していました。

こうして日本軍は、毒ガス兵器の製造を止めたのです。

大久野島では風船爆弾づくりへ

太平洋戦争末期には、大久野島は風船爆弾製造の役割を担うようになりました。

第二次世界大戦中のこと、敗色こくなった日本軍が採用したアイデアが風船爆弾でした。米国本土を攻撃するため、水素ガスを吹き込んだ気球（風船）に爆弾をつり下げ、ジェット気流（偏西風の流れ）に乗せて数日かけて飛ばす兵器でした。当時の日本軍が米国内の攪乱《かくらん》を狙って米国本土攻撃をするための秘密兵器だったのです。

大久野島でも学徒動員された男女生徒が風船爆弾づくりをさせられました。

◆風船爆弾

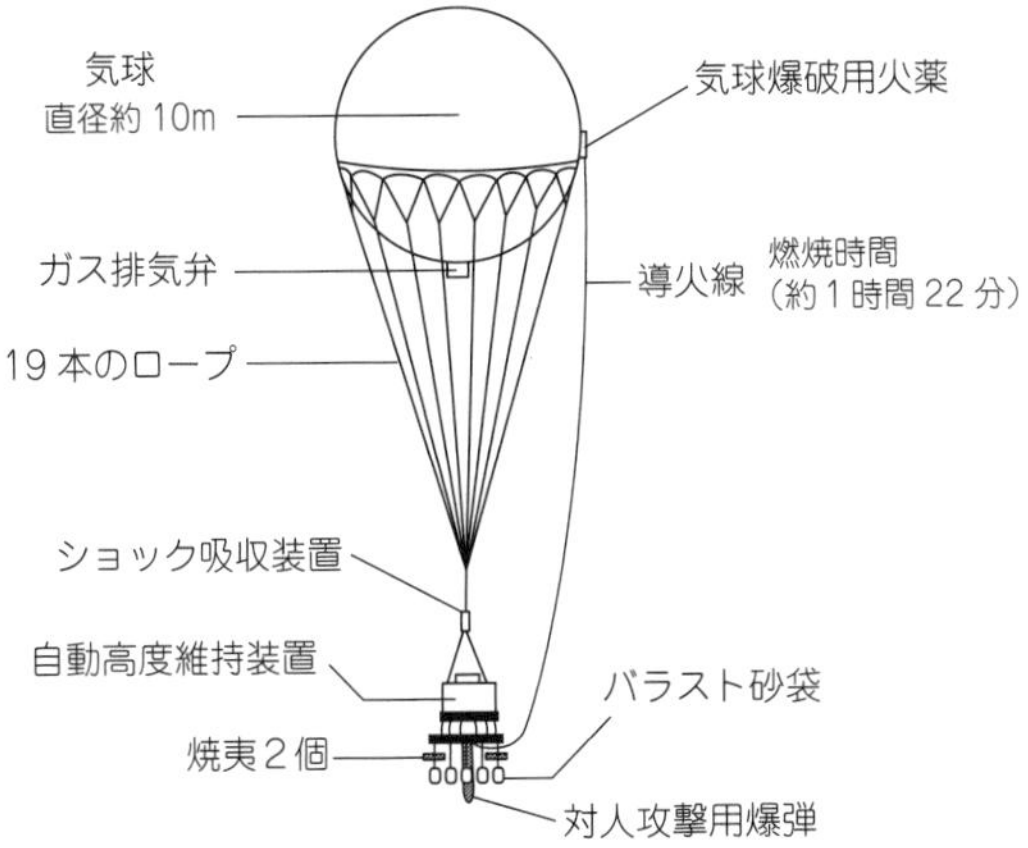

気球は、和紙をコンニャク糊で貼り合わせたコンニャクマンナン積層紙でつくります。コンニャクマンナン積層紙づくりは男女生徒が行いました。

気球の組み立て、断片の接合、半球から球体へ、球体の組み立て、気球の塗装仕上げの作業は女子生徒が行い、爆弾や他の装置の取り付けは別のところで行われました。

一九四四年秋から四五年春に約九〇〇〇個が放たれ、そのうち数百個が米国本土に着いたとされています。

風船爆弾は五十時間前後で米国に着きます。精密な電気装置で爆弾と焼夷弾を投下したのち、和紙とコンニャク糊でつくった直径約一〇メートルの気球部は自動的に燃焼するしかけでした。

米国側の被害は僅少でした。山火事を起こしたほか、送電線を故障させ原子爆弾製造を三日間遅らせたという出来事もあとでわかりました。オレゴン州にはピクニック中に風船爆弾によって亡くなった親子六人の記念碑が建っています。

風船爆弾で米国がもっとも恐れたことは、生物兵器が搭載されて、伝染性の細菌がばらまかれることでした。実際、日本軍では七三一部隊が持っていた乾燥ペスト菌などを搭載すべきかどうかの議論があり、結果的には不許可になりました。もし生物兵器が使用されていたら、米国は生物兵器や化学兵器による何らかの報復を行ったことでしょう。

こんな美しい島で
毒ガスや風船爆弾が
つくられていたなんて
戦争は嫌だなあ

学校で扱う化学熱傷(化学やけど)を起こす薬

濃硫酸が目に入った経験

濃硫酸が皮膚に触れると激しい化学熱傷（化学やけど）を起こします。化学熱傷とは酸・アルカリ・有機化合物などが皮膚に付着、接触して起こる損傷です。

濃硫酸は無色で粘り気のある重い液体で、強酸の一つです。有機物からも水の組成と同じ割合で酸素と水素を奪いとり、炭素を遊離させます。人体は、もちろん有機物ですから、目、皮膚、気道に対して激しい化学熱傷を起こします。

私は、大学生のとき、この濃硫酸を目に入れてしまいました。

実験が終わって、使った試験管を洗っているときでした。このとき、絶対にやってはいけないことをついやってしまったのです。

試験管には濃硫酸が入っていました。濃硫酸は水と一緒にすると大きな溶解熱をだして水に溶けます。濃硫酸を水で薄めるには、濃硫酸に水を入れるのではなく、多量の水に濃硫酸を少量ずつ入れて混ぜます。もし濃硫酸に少量の水を入れると、水はすぐには溶けずに濃硫酸に浮かびます。そして濃硫酸と水が接している場所では大きな溶解熱がでています。その接触部分の水は沸点を超え、水蒸気になるときの大きな体積増大で水のまわりの濃硫酸を吹き飛ばします。

頭ではわかっていたのに、試験管内の液体が濃硫酸であることを失念していました。別の試験管には、ある物質の水溶液が入っていました。二本の試験管を別々に処理すべきだったのに、その水溶液を濃硫酸の入った試験管に加えてしまったのです。そのとき濃硫酸の入った試験管の口を見ていました。しかも試験管は私の顔のほうに向いていました。濃硫酸の一部が飛びだして目にかかりました。反射的に目をつぶったのですが、目付近がカーッと熱くなりました。水をバシャバシャかけて洗いました。

そのとき、私の頭に去来したのは、失明してしまうことでした。

しばらくの間水で洗って、恐る恐る目を開けました。「おーっ、見える！　見える！」。

鏡を見ると目付近がうっすら赤みがかっていました。

濃硫酸が体にかかったら、ただちに多量の水で洗い流すという基本的な処理が功を奏しました。

幸いなことに私は視力がよく今でも裸眼で左右とも一・二や一・五です。

後日、高校生物教員だった妻に話したら、「あんた、バカじゃないの？　濃硫酸かどうか忘れる？　よくそんな程度で化学教員をやれたわね」といわれてしまいました。

この経験から中高理科教員になったときに、このような、やってはいけない操作で起こる理科実験事故があることを肝に銘じました。

皮膚を侵す薬品の強酸・強アルカリ

学校で扱う皮膚を侵す薬品には濃硫酸以外にも、濃塩酸、濃硝酸、水酸化ナトリウムなどの強酸・強アルカリがあります。

濃硫酸、濃硝酸、濃塩酸は、とくに皮膚に切り傷などがない限り、ちょっと触れた程度では騒ぎ立てる程のことではありません。体に付いたら大量の水で洗うことが原則です。濃硫酸、濃硝酸、濃塩酸でもすぐに大量の水で洗い流せば、普通は重い障害が長く残ることは少ないです。

強酸のうち硝酸は肉体中に深く侵入して組織を損傷するので、とくに念入りに洗わなければなりません。濃硝酸の場合は、時間を計りながら十五分以上洗い、皮膚に染み込んだ薬品を洗いだす必要があります。時間を計らないと、五分間でも長く感じたりして、これで十分だと思うことが多いのです。そのときは、常温の水よりはぬるま湯を使うことがよいです。濃硝酸が付いた指の洗浄が不十分だと、後日指の切断をしなくてはならなくなることがあります。

私は、よく濃硝酸の蒸気や希硝酸に指が触れて、黄色くなることがありました。これは皮膚のタンパク質が染まったものですから、水で洗っても落ちません。しかし、数日中に新しい皮膚ができるに従って皮がむけてきて、それ以上のことにはならないので、それを待っていればいいのです。硝酸銀水溶液に触れたときに黒くなるのも同じように待っていればいいのです。

人体に対する作用は、酸よりもむしろアルカリのほうが激しいことが多いです。学校でよく使う強アルカリは水酸化ナトリウムです。中高はもちろん、小学校でもアルカリ性の水溶液の学習で使われます。

水酸化ナトリウムは白色の固体で、空気中に放置すると水蒸気を吸収して、その水に溶けます（潮解性）。水へは激しい発熱をともなって溶けます。苛性ソーダ（皮膚を腐食する＝苛性、ソーダ＝ナトリウム）ともいいます。水酸化ナトリウム水溶液が皮膚に触れるとぬめりを感じます。これは皮膚のタンパク質が溶けているのです。目に入ると強い痛みがあり、失明することもあります。これも強酸と同様、皮膚に付いたときは、すばやく多量の水で洗います。

水酸化ナトリウムのタンパク質への激烈な作用を知っていると、最初に酸（たとえば薄い酢酸）で中和しようと思ってしまうことがありますが、まずは水洗いです。そんな準備をしている間に障害が進みます。また中和熱によってやけどをしてしまいます。これは酸が付いた場合も同じです。

学校では科学クラブなどで、葉の葉脈標本づくり、野菜・野草から紙づくり、石けんづくりなどで水酸化ナトリウムをふくんだ溶液を加熱した際に溶液が飛散する事故が起こっています。普通の理科学習では、水酸化ナトリウム水溶液を加熱することはないでしょう。

なお、中学理科で水の電気分解の学習時に、「純粋な水は電気を通さないので、電気を通しやすくするために水酸化ナトリウムを加える」ことをします。私は、水酸化ナトリウムは事故の危険性があるからと硫酸ナトリウムや炭酸ナトリウムを使うことを教科書編集委員会で主張していましたが、通りませんでした。

弱酸・弱アルカリでも怖いものも

ギ酸や酢酸は弱酸ですが、純液体や濃溶液は腐食性があり、皮膚に付くと重い化学熱傷になります。高校化学のエステル合成実験で、ピペットで酢酸を誤って口の中に吸い込んでしまうことがあります。吸っている本人にはピペットの標線が見づらく、それを見ようとして注意がそちらに向きすぎて、ピペットの先が液面から離れたとたんに勢いよく吸い込んでしまうことが起こります。実は私も高校生のときにやってしまいました。酸やアルカリが目や口内など粘膜の抵抗力に弱い場所に触れると危険です。

口で吸って誤飲しないように、ピペット上端に取り付けられる安全ピペッターと呼ばれるゴム製の球を使います。ゴム球をにぎり潰して排気し、吸気弁を開いて液体を吸い上げます。

フェノールの希薄溶液は皮膚の消毒に用いられますが、濃溶液に触れると化学熱傷を生じます。

私は長い間、中高で化学を教えていましたが、怖くてできなかった実験がいくつかあります。フッ素を発生させる実験、フッ素と水素を暗室で一対一に混合してから光が通らないようにおおいをして暗室からだし、おおいを取ると爆発が起こってフッ化水素ができる実験です。

フッ化水素を水に溶かして約五〇％の水溶液にしたものは弱酸で、フッ化水素酸（フッ酸）と呼ばれますが、これも使いたくありませんでした。

フッ酸はガラスを溶かすので、ガラスの容器に保存できません。ポリエチレンまたはテフロン容器に入れて保存します。

フッ酸は、強い腐食性をもち、ガラスの艶消し、半導体のエッチング、金属の酸洗いなど、工業用分野で広く使われています。フッ酸は、人体に対しては、皮膚に触れただけで壊疽《えそ》を起こし、内部まで浸透し、骨まで溶かす薬品です。たとえば皮膚に付いた直後はほとんど刺激がありませんが、数時間後に激しく痛みだします。指先に付いたときには、数日後に爪がはがれます。

フッ酸がガラスを溶かす実験では次のようなものがあります。

ガラス板にパラフィンを塗り、鉄筆で削るように文字や絵を描き、フッ酸を塗り付けます。すると、パラフィンが削られた部分はガラスが溶けます。しばらくして水で洗い流すとガラスが溶けた部分が凹んでいます。パラフィンを取り除けば、ガラスに文字や絵が彫られた状態になります。理科実験に使うガラス器具に目盛りがついたものがありますが、目盛りを刻むのにフッ酸を使います。

このような実験のときも、決して生徒にやらせずに、教員がビニル手袋をして行います。蒸気も怖いので、普通の液体試薬のように、試薬びんを傾けて流しだすことはしないで、スポイトや筆で使う分だけを取りだすようにします。そのとき、試薬びんのフタを開けている時間をなるべく短くなるように注意します。

二〇一三年に、思いを寄せていた女性に相手にされず、彼女の靴に密かにフッ酸を塗り、足の指五本を切断させたというニュースが世間を震撼させました。

三〇%過酸化水素水は、濃いか、それとも薄いか？

酸・アルカリ以外で、私が学校の理科で経験した危ない物質を二つ取り上げておきましょう。

まずは過酸化水素水です。

学校で、薄い過酸化水素水を試験管に入れて加熱していて、爆発的な反応が起こり、負傷者がでた事故がありました。これは、ある中学理科教科書に載っていた実験を生徒にさせた結果でした。私はその実験の載った教科書は使っていませんでしたが、その教科書を使っていた学校では当たり前にその実験をしていたことでしょう。きっと教科書執筆者の予備実験ではそのようなことが起こらなかったのだと思います。

しかし事故が相次いで、その実験は教科書から消えました。

加熱によって水が揮発し、過酸化水素水の濃度が高くなり爆発的な分解を起こしたのです。

また、「ゆとり教育」といわれた時代、中学理科教科書から「パーセント濃度」が消え、高校に送られてしまいました。水溶液の濃度でパーセント濃度は高度だからというのが理由です。私はそのとき、中学理科教科書編集委員で、その箇所の執筆者でした。パーセントという割合の概念は、すでに小学校算数で扱っています。それを水溶液で活用するのが学習というものでしょう。

教科書に入れていた質量パーセント濃度を求める式は、教科書検定で削除になりました。私は、そんなこともあって、「ゆとり教育批判派」の理科教育者になりました。

その時代の教科書では、たとえば、酸素を発生させる実験の準備に、「過酸化水素水（五%）」などとパーセント濃度を明示できないので、代わりに「薄い過酸化水素水」としかだせませんでした。

では、三〇%過酸化水素水は、濃いのでしょうか、それとも薄いのでしょうか。

私の身近にいた理科教員（生物が専門）は、三〇%のものを薄い過酸化水素水と思ってしまったのです。生徒実験で、その過酸化水素水に二酸化マンガンを加えて酸素を発生させる実験をさせてしまいました。

三〇%過酸化水素水は、試薬びんに入ったままの原液です。過酸化水素水としては最高に濃いものなのです。酸素発生には、三〜六%過酸化水素水を用いるのです。

幸いだったのは、相当時間がたった（何十年か）ものだったので、自己分解して薄い過酸化水素水になっていたことでした。

実際、三〇%過酸化水素水に二酸化マンガンを加えたら急激に反応し、容器が破裂したりします。酷い事故例では顔面に過酸化水素水がかかり瘢痕《はんこん》が生じ、消去手術を受けたが線状瘢痕が残ったということがあります。過酸化水素水は曝露すると、「目、皮膚、気道に対して腐食性を示す。発赤し、やや時間をおいて強い痛みを与える。付着した箇所が白く変色する。高濃度の蒸気やミストを吸入すると肺水腫を起こすことがある。肺水腫の症状は二～三時間経過するまで現われない場合が多く、安静を保たないと悪化する」ことになります。

普通はやらない黄リンの実験をやってみた

リンの単体には、おもな同素体として黄リン（白リン）、赤リンおよび黒リンがあります。赤リンはマッチ箱の側壁に塗られています。

黄リンは無色～黄色のろう状固体で、純粋なものは無色ですが、市販品（九九・九％純度）がわずかに黄色です。

黄リンは、発火点が低く（三〇℃程度）、空気中にだすとかなりの速さで酸化され、白煙をあげます。さらに自然発火して燃えだします。そのため、びんの中に水を入れその中に沈めて保管します。さらに、倒れても大丈夫なように、そのびんを丈夫な容器に納めて保管すべきものです。

燃えている黄リンに水をかけると消えますが、乾燥すると再び燃えだします。黄リンが付着した物は、焼却するか、バーナーの炎で付着した黄リンを全部燃やしてしまうようにします。

もっとも嫌なのは、黄リンは皮膚に付くと治りにくい化学熱傷を生じることです。

こんな黄リンは高校化学の薬品室から撤去されていることでしょう。だから高校化学の授業で教員に見せてもらった人は多くはないでしょう。

私は何度か見せました。もちろん、保護手袋をして注意深くピンセットで取り扱いました。黄リンを蒸発皿に置いて白煙をあげる様子や、二硫化炭素に黄リンを溶かした溶液で紙に文字を書き、二硫化炭素が揮発すると自然発火する様子を見せました。

幸い、私は、事故を起こしませんでしたが、この実験で、紙が瞬時に燃えだして衣服を焦がした事故が起こっています。

私は、中高で理科を教えていたとき、さまざまな理科実験を行いました。そして何度か「ひやり」としたことがあります。しかし、事故を怖れて、実験を止めてしまえば、黒板とチョークと話だけの理科になってしまい、物質などに触れながらその世界を探究していく理科から離れてしまいます。しっかりと安全対策をしながら、実験も交えた理科教育を進めていきたいと思います。

Part Ⅲ

化学物質は人類の敵か味方か

空間噴霧で、安全で効果がある消毒剤はあるか？

滅菌と消毒

滅菌とは、微生物を完全に死滅させることです。この場合の微生物は、病原体とは限りません。病原体ではない微生物もふくめて、微生物を全部死滅させることになります。

もちろん、私たちのまわりにいる微生物全部をすべてなくすことは不可能ですし、そんなことをしたら逆にマイナスのほうが大きいです。手指や手術器具など対象の範囲を限ります。

対象の滅菌をしたら、そこには生きた微生物がいなくなります。ウイルスも失活します。微生物をもっとも死滅させにくいのが細菌の芽胞《がほう》（一部の細菌が形づくる、極めて耐久性の高い状態）です。ですから、一般に、滅菌は細菌の芽胞も死滅させる方法になります。

よく使われるのが熱による方法です。オートクレーブという二気圧のときでほぼ一二一℃という高圧高温の水蒸気で滅菌する装置が使われます。滅菌時間は十〜二十分間です。微生物の研究、医療の現場などでガラス器具、細菌の培地、ガーゼ、包帯、金属製のはさみやメスなどを滅菌するのに使います。

料理に使うオーブンと同じ仕組みの一五〇〜一八〇℃の乾燥空気を送り込む滅菌器も使われます。一六〇℃で一時間、一八〇℃で三十分間程度が必要です。

滅菌と関係して消毒という方法があります。

消毒は滅菌よりゆるやかで、芽胞が死なない場合がありますが、普通の細菌などは死滅する方法です。

消毒には、沸騰した水で菌を死滅させる煮沸消毒や、さまざまな殺菌消毒薬を使う方法があります。

次亜塩素酸水と次亜塩素酸ナトリウム

二〇二〇年、パンデミック（世界的流行）となったコロナ禍のなかで、新型コロナウイルスの感染予防でもっとも手近で確実な方法は消毒です。病院はもちろんのこと、一般家庭でも、消毒は簡単に実行できる重要な感染予防法です。

新型コロナウイルスで、手指の消毒には、アルコール（消毒用エタノール）あるいは石けんなどの界面活性剤での手洗い、物品の表面の消毒には塩素系漂白剤（成分：次亜塩素酸ナトリウム）を薄めた液で拭き取ることが薦められています。それぞれウイルスの失活効果についての根拠もしっかりしています。

厚生労働省や経済産業省も、エタノール（アルコール）、次亜塩素酸ナトリウム、石けんなど界面活性剤が新型コロナウイルスの失活効果があると認めています。

ところが手指の消毒、ドアノブなど物品の表面の消毒だけではなく、部屋や店内、イベント会場などで、消毒液を空間に噴霧して、空間除菌を図る動きが自治体や企業で続出しました。

医療の世界で空間除菌ができることに根拠があるのは、放射線（ガンマー線）・紫外線、酸化エチレンガスです。

コロナ禍で話題になった消毒液は次亜塩素酸水です。

次亜塩素酸水とは、一言で言えば塩素水。塩素ガスが水に溶けているものです。塩素は、空気中にわずか〇・〇〇三％〜〇・〇〇六％でもあると鼻、のどの粘膜を侵し、それ以上の濃度になると血を吐いたり、最悪のときには死亡ということになります。塩素を水に溶かすと、次亜塩素酸（HClO）が生じます。次亜塩素酸は水中にのみ存在する化学形態なので、「気体状の次亜塩素酸」は考えにくいです。次亜塩素酸としては弱いですが、強い酸化作用を持っているので、上水道や食品の消毒に使われます。

似たものに次亜塩素酸ナトリウム水溶液があります。白色固体の次亜塩素酸ナトリウムを水に溶かしたもので、次亜塩素酸水とは異なります。これも強い酸化力をもっているので消毒剤や漂白剤に用いられています。

次亜塩素酸ナトリウムは、次亜塩素酸をふくむ水に水酸化ナトリウムを加えると中和反応が起こってできる次亜塩素酸の塩《えん》です。水溶液はアルカリ性。消毒効果が高く、古くから消毒剤として使われてきました。

次亜塩素酸ナトリウムをふくんだ塩素系洗浄剤やカビ取り剤に酸性洗浄剤を加えると塩素が発生します。トイレ、浴室の掃除で死者がでているので「まぜるな危険」という注意がされています。

では、次亜塩素酸水での空間除菌について、消毒の基本を振り返りながら見ていくことにしましょう。

二つのタイプの次亜塩素酸水

次亜塩素酸水は大きく分けると次の二つのタイプがあります。

①「電解次亜塩素酸水」――食塩と水などで電気分解して生成されたもの。

②「非電解型次亜塩素酸水」――次亜塩素酸ナトリウムと酸の二液を混合させたものなど。

①は、陽極と陰極の間に隔膜で仕切った食塩水を電気分解すると、陽極側にできる酸性の水。消毒にはたらく有効塩素は主に次亜塩素酸です。

②でよくあるのは、次亜塩素酸ナトリウム水溶液に塩酸を加えてpH（酸性・アルカリ性の物差し）を調整してつくった次亜塩素酸水です。

①に必要な電気分解装置は不要なので安くつくれますが、均一で効果が高い条件の液にするのが難しいです。

どちらも、長期保存ができません。

これらが消毒効果を持つのは「有効塩素」の存在という共通性があるからです。次亜塩素酸ナトリウム水溶液の場合もそうです。有効塩素の正体は、いずれもが水中でふくんでいる次亜塩素酸または次亜塩素酸イオンです。殺菌力は次亜塩素酸のほうが次亜塩素酸イオンよりも強いです。

有効塩素の正体である次亜塩素酸は、単独で取りだせないで水中にのみ存在します。また、極めて不安定な物質で、薄い水溶液でのみ存在し、徐々に塩酸と酸素に分解していきます。とくに「日光が当たる」「温度が高い」条件では分解のスピードは大きくなります。

次亜塩素酸に消毒効果があるのは、有効塩素による強い酸化力があるからです。炭素や水素などからできた有機物があれば、そのなかの炭素や水素の一部分を二酸化炭素や水にするなどしてはじめの有機物の分子を変えてしまいます。タンパク質や脂質をふくんでいる新型コロナウイルスもタンパク質や脂質を別の物質に変えて失活させます。

次亜塩素酸水噴霧で空間除菌ができるか?

空中に感染者の咳やくしゃみ、会話によって小さな飛沫核が飛びます。飛沫核とは、飛沫が空気中で乾燥してウイルスだけになったものです。その飛沫核にウイルスがふくまれているとき、人から人へ飛沫を介してウイルスが広い範囲に伝わっていきます。

咳による飛沫の多くは、大きさが五マイクロメートル以上で、一～二メートル飛んで落下します。この場合は近くの人が飛沫感染を起こす可能性があります。

一方、大きさが五マイクロメートル以下だと空気の流れに乗って浮遊し、遠く離れた人にも飛沫核感染を起こす可能性があります。

そのため、飛沫核や病原体ウイルスをふくんだ飛沫が空中にいる間に、消毒剤を噴霧して除菌したいという考えを持ってもおかしくはありません。

根本的な空間除菌の難しさ

しかしながら、空間除菌が難しいのは、空中に浮かんでいる飛沫核や飛沫と噴霧した消毒剤の飛沫が接触し、一体化してウイルスに働きかけなければならないところです。

この出合いの確率が一〇〇％でなくても九〇％台などになるのは消毒剤の飛沫の空

間密度が非常に高くないと無理でしょう。部屋の中が濃密な消毒剤の霧でいっぱいになるというイメージです。閉鎖空間を酸化エチレンガスをいっぱいにして数時間、と同じような状況をガスではなく霧でつくらなくてはならないのです。

手指にくっついているウイルスを石けん水や消毒液で洗って失活させるのと比べて余りにも難しいのです。

噴霧による次亜塩素酸水飛沫は、噴霧器の口周辺で短時間のうちに消滅

噴霧器で放出される飛沫の大きさは数マイクロメートルから数十マイクロメートル。噴霧器からの次亜塩素酸水噴霧の様子を見ると、霧は噴霧器からでて十〜二十秒程度で消えているようです。

ほとんどは落下したり、飛沫から水分が短時間に揮発して、塩素＋水⇅塩酸＋次亜塩素酸の化学平衡で塩素ができるほうに平衡が傾き、水蒸気と塩素ガスを揮発しながら消えてしまうようです。つまり噴霧器からでた消毒剤の飛沫は、噴霧器の口の周辺に限定され、その寿命はかなり短いと思われるのです。もし飛沫の寿命が長ければ、部屋の中は、私たちが濃密な霧の中を歩くような、まわりの見通しが非常に悪くなる状態になるはずです。消毒効果が少しでもあったとすれば塩素による効果でしょう。

空間に有機物など酸化されやすい物質があれば消毒効果は大きく減少

また、次亜塩素酸水はウイルスとうまく出合えれば、その有効塩素の酸化力でウイルスを失活させる可能性はありますが、その空間に次亜塩素酸水によって酸化されやすい物質があればすぐに有効塩素は消費されてしまうでしょう。

たとえば、「その空間に有機物のかたまりである人がいる、床や壁などに有機物をふくんだ汚れがある、カビの胞子など目に見えない有機物粒子が浮遊している……」という状態では、それらの有機物と反応することで次亜塩素酸水の中の次亜塩素酸はすぐに消費されてしまうでしょう。

次亜塩素酸水業界がつくった次亜塩素酸水溶液普及促進会議の記者会見のアーカイブを見ると、三重大学大学院の福崎智司教授は「閉鎖系で次亜塩素酸噴霧の有無で落下菌を比較したところ、次亜塩素酸水の落下菌数は七〇％減。同じ空間に人がいた場合、次亜塩素酸水噴霧の有無で差はでない。人間という汚染源があると除菌が上手くいかない。今後の課題だ」と述べています。これは部屋に人間がいる場合は次亜塩素酸水噴霧の効果がないということを意味します。

だから清浄で、人がいない空間での次亜塩素酸水噴霧の実験結果は信頼できません。実際の空間と余りにも違うからです。

人がいるところで、人が直接曝露しても毒性がなくて、空間除菌ができるという根拠のある消毒剤はありません。

人がいなければ、部屋を密閉して酸化エチレンガスのような殺菌作用のあるガスを吹き込んで殺菌が可能な消毒方法はあります。しかし、それも作業者が直接曝露されないようにしなければならないし、滅菌作用時間は通常四時間だし、その後残留ガスが消えてなくなるのを数時間から数日待たなければなりません。

空間除菌ができるレベルなら人体に危険

次亜塩素酸水はウイルスのタンパク質と接触してそれを変質させることでウイルスの失活をさせます。では、空間除菌ができる程度に噴霧された次亜塩素酸水に人が直接曝露したら、次亜塩素酸水の有効塩素のほとんどは皮膚など露出しているところとの接触によって消費されてしまうでしょう。皮膚には有機物の死んだ細胞がたくさんあるし皮膚常在菌もウヨウヨいます。

それでも有効塩素があまり消費されないとしましょう。結構皮膚は大丈夫かもしれませんが、口に入る、鼻から吸う、目に入るのです。鼻から吸われたら次亜塩素酸水の飛沫は鼻、上気道、肺の粘膜と出合うことになります。そのタンパク質を変質させ、粘膜の細胞を痛めることになるでしょう。

空間除菌がある程度できるほどに次亜塩素酸水を噴霧したら、その飛沫で健康を害する可能性が高いでしょう。

空間除菌が人への安全性もクリアしながら空間に浮遊するウイルスを失活させることができるならもっともそれを導入したいのは病院でしょう。しかし、ほとんどの病院で採用されていません。

首から下げる空間除菌グッズは「バカ発見器」と揶揄された

インフルエンザの流行のとき、大ヒットしたのが、二酸化塩素で空間除菌できるとうたわれたグッズです。

二〇一四年三月に消費者庁が「二酸化塩素を利用した空間除菌を標ぼうするグッズ販売業者一七社に対する景品表示法に基づく措置命令について」をだして、少し沈静化しました。消費者庁は「効果を裏付ける根拠がない」として、一七社に表示変更を求める措置命令をだしたのです。発売当初からSNSなどで、「首から下げるバカ発見機」と揶揄されていた製品です。

コロナ禍の中でもマスクの代わりになるのではないかとスティック状のもの、スプレーや置き型の製品が売れています。しかも薬品会社が販売しているのですが「薬品」ではなく「雑品」です。だから特定のウイルス・菌に対する効果は薬機法（旧薬事法）上うたえません。根拠も弱く、閉鎖空間での試験結果のみです。

なお二酸化塩素に殺菌力がないわけではありません。しかし、口や鼻に効果がある濃度で吸い込まれたら喉の炎症などが起こり、逆に新型コロナウイルスに感染しやすくなるだろうと推測します。効果がある濃度・量ではないので副作用が起きていないだけでしょう。

私の考察結果から次のことがいえるでしょう。

インフルエンザにしても新型コロナウイルス感染症にしても、根拠のしっかりしていること、つまり、手指の手洗いによる消毒は石けん水やアルコール消毒液、物品の表面の消毒は次亜塩素酸ナトリウム水溶液を使うことを推薦します。そして人のいる空間で、消毒剤噴霧などによる空間除菌は薦めることができません。

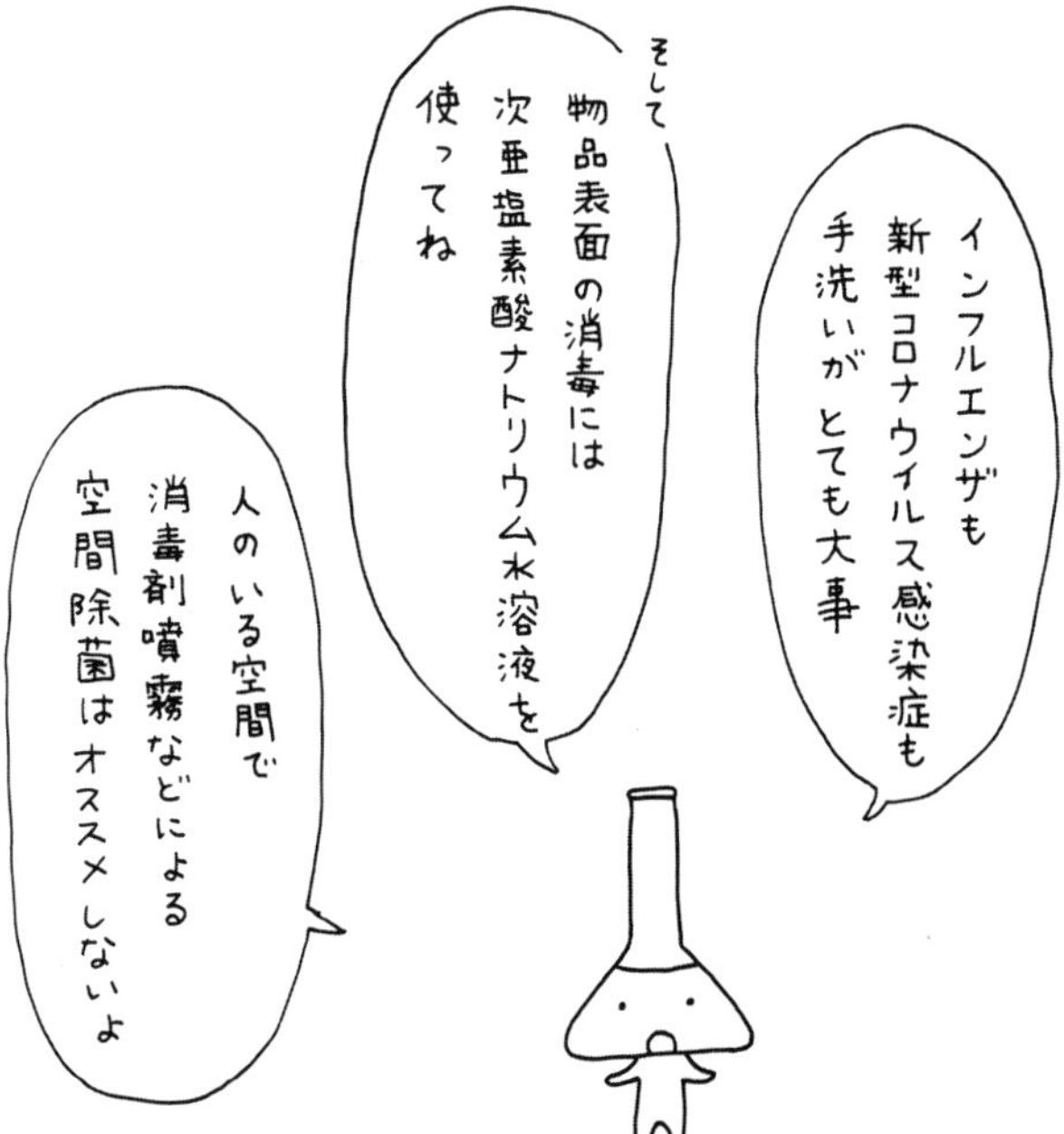
インフルエンザも 新型コロナウイルス感染症も 手洗いがとても大事
そして 物品表面の消毒には 次亜塩素酸ナトリウム水溶液を 使ってね
人のいる空間で 消毒剤噴霧などによる 空間除菌はオススメしないよ

DDTと人類の死因第一位のマラリアとの闘い

世界の人口増大に合わせて食糧を増産することができたことには、化学が関わっていました。

今から約百年前までは、農業では、堆肥や動物の排出物などの天然肥料や、チリ硝石（硝酸ナトリウム）などの天然資源が肥料として使われていました。天然資源ではまかないきれなくなるところに、空気中の窒素をもとにアンモニアを合成する技術が開発され、アンモニアを原料にいろいろな窒素肥料を安価に、しかも大量に投入することができるようになりました。

もう一つ、化学は、農作物の病気を防ぎ、農作物を食い荒らす害虫を駆除する農薬の開発で、農作物の収量を飛躍的に増加することに貢献しました。

強力な殺虫効果が認められた最初の有機合成殺虫剤DDT

その農薬の一つが合成殺虫剤ＤＤＴでした。

◆DDTの分子構造

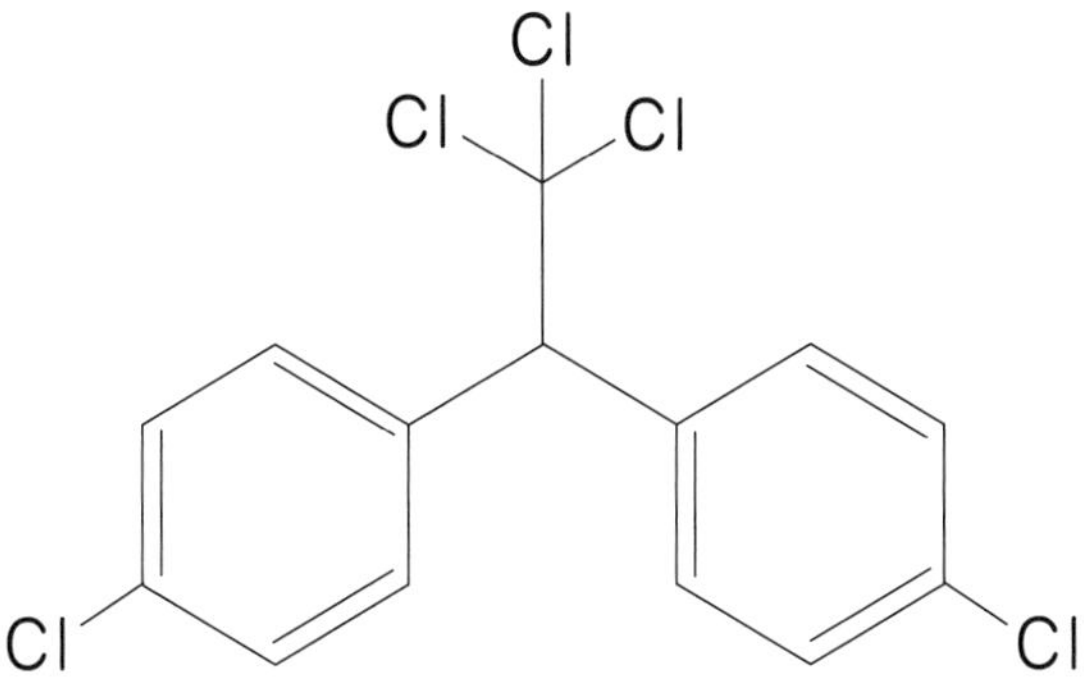

DDTとはジクロロジフェニルトリクロロエタンの略です。一九三九年、第二次世界大戦中にスイスのパウル・ヘルマン・ミューラーによって発見され、米国で製品化されました。蚊、ハエ、シラミ、ナンキンムシ、アブラムシ、ノミなどの昆虫に強力な殺虫力を発揮し、安価であったために世界中で広く使われました。

DDTの生産量は三十年間で三〇〇万トンに達し、発見者ミューラーは一九四八年のノーベル生理学・医学賞に輝きました。

わが国でも、一九五〇年ごろから、蚊やシラミの駆除のために大量に使われました。シラミの駆除のためにDDTの粉末を頭にかけることもありました。

ＤＤＴは発がん性が心配されましたが、現在、国際がん研究機関（ＩＡＲＣ）の発がん性評価ではグループ二Ｂの「人に対して発がん性が有るかもしれない物質」に分類されています。グループ二Ｂには、わらび、漬物、クロロホルム、鉛などがあります。ＤＤＴと男児の生殖器異常との関連性を示す報告があり、いわゆる環境ホルモン作用（内分泌かく乱作用）がある懸念があります。

人を殺戮し続けるマラリアという感染症

二〇二〇年現在、世界の三大感染症はエイズ、結核、マラリアです。これら三種の感染症によって、毎年二五〇万人もの命が奪われています。二十一世紀に入り、国際支援によって感染拡大の勢いが低下してきているとはいえ、多くの低開発国では現在でも感染拡大を制御できないため、これら三種の感染症が主要な死因であり続けています。

中でもマラリアは毎年数十万の人命を奪っています。死者の九三％が熱帯熱マラリアの多いサハラ以南のアフリカに集中しており、そのほとんどが五歳未満の子どもです。その他、アジアや南太平洋諸国、中南米などでもマラリアが流行しています。疾

◆ハマダラカ

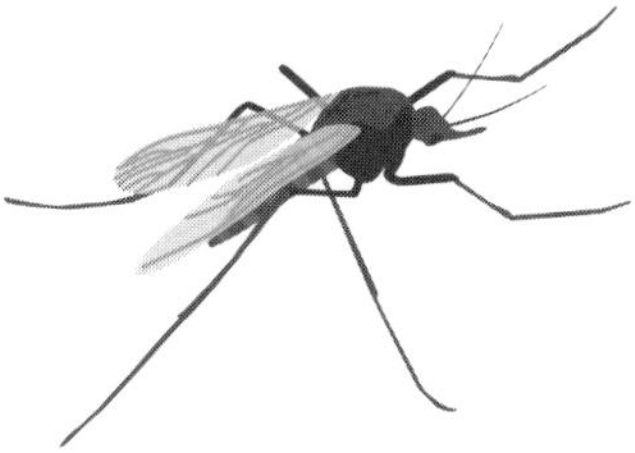

病対策のため低・中所得国に資金を提供する機関として二〇〇二年スイスに設立された「グローバルファンド」日本委員会のWEBサイトによれば、二〇一七年時点で年間二億一九〇〇万人以上がマラリアに感染し、約四三万五〇〇〇人が死亡しているとしています。

　マラリアは五十万年もの間、人類を苦しめてきました。未だに苦しめるばかりか、致死性を強めてさえいます。百年以上も前から予防法も治療法もわかっているのにです。

　人類を殺戮《さつりく》してきた感染症といえば、天《てん》然痘《ねんとう》、はしか、ペストなどをまず思い浮かべる人が多いでしょう。しかし、恐らく人類をもっとも多く殺戮してきたのはマラリアなのです。

マラリアは、ハマダラカという蚊に媒介されるマラリア原虫によって引き起こされる病気で、日本では瘧《おこり》とも呼ばれ、古くから知られていた病でした。

マラリアは病原体であるマラリア原虫が体内に侵入することによって起こるのですが、熱帯熱マラリア・三日熱マラリア・四日熱マラリア・卵形マラリアの四種類があります。いずれの場合も典型的な症状は平均十日〜十五日の潜伏期間のあと、悪寒や震えを伴った高熱・頭痛・下痢や腹痛・呼吸器障害が生じます。

重症化すると急性腎不全・肝障害・昏睡などが起き、死に至ることも少なくありません。もっとも危険なのは熱帯熱マラリアで、マラリア死亡の九五％は熱帯熱マラリアによって占められています。妊産婦・ＨＩＶ感染者・五歳未満児は免疫機能が低いので、マラリアにかかると重症化しやすいといわれています。

マラリアとの闘いの武器としてのＤＤＴ

最初に先進国にとってマラリアが大きな問題になったのは第二次世界大戦中でした。熱帯・亜熱帯地方の戦場で敵軍との交戦によるよりもマラリアにかかって多数の死者がでたりしたからです。

そこで目に付いたのがＤＤＴでした。一九四〇年代初期に、ＤＤＴのサンプルがフロリダ州オーランドにある農務省の昆虫研究所に持ってこられました。

ＤＤＴは、殺虫効果が高く、効力が長期間持続し、水に溶けないので、たとえ粉末を人の皮膚にかけても吸い込ませても影響はでそうもありませんでした。また、有毒性を持ったまま環境中に何カ月も残存するということでした。安全で無臭で、工場で合成できるものでした。

ＤＤＴと関わって人類とマラリアの闘いの一端を、ソニア・シャー　夏野徹也訳『人類五〇万年の闘い　マラリア全史』（太田出版　二〇一五）から見てみましょう。

米国はまず戦場で使いましたが、次には農民に熱狂的に歓迎されました。

米国では、「ＤＤＴを使えば、あらゆる種類の生き物を根絶やしにできるかもしれない」という発想が生じました。ＤＤＴは昆虫には命取りだが、人間には無害な魔法の薬、奇跡の薬とされました。

ＤＤＴの売り上げは、一九四四年におもに軍が購入した一〇〇〇万ドルから一九五一年のほとんどが農民の購入による一億一〇〇〇万ドル以上に急上昇しました。

マラリア撲滅のためにさまざまな施策が講じられてきましたが、何と言っても病原虫を媒介する蚊の駆除が重要です。ＤＤＴはマラリア撲滅の強い武器になりました。

しかし、ＤＤＴに対して耐性をもった蚊やハエがでていることは注目されませんでした。たとえばギリシアの田舎の宿屋で昼食を楽しんでいた世界保健機構（ＷＨＯ）のあるマラリア研究者は、ＤＤＴを浴びせた壁にハマダラカが平然と止まっているのを見かけました。不思議なくらいに耐性を持った蚊やハエがいることが次々と報告されました。米国公衆衛生局の研究者たちが一九四八年十二月の全国マラリア学会でこれらの報告を検討したときには、全会一致で、こういう虫は例外で、奇形で突然変異なのだと片付けられました。

ラッセルは、一九五三年に、ロンドン保健衛生・熱帯医学研究所で一連の講演を行い、「ＤＤＴによって、人類はマラリアに優越した、どんなところであろうと、マラリアを追放することがはじめて安上がりで実現可能になったのだ」と述べました。

一九五八年、当時上院議員だったジョン・Ｆ・ケネディとヒューバート・ハンフリーが提出した法律の制定で米国議会は五年間にわたる世界マラリア撲滅計画に一億ドルの資金を割り当てました。数百万ドルの小切手がＷＨＯなどの国際組織や自国のマラリア予防計画をマラリア撲滅計画に切り替えたいと望む国々に送られました。途上国最大の活動は五〇〇〇万ドルを使ってインドで開始されました。

米国はマラリア撲滅計画に、一九五七年から一九六三年の間に四億九〇〇〇万ドルを費やしました。

はじめの二、三年間でマラリア罹患率は急落しました。マラリアがすっかりなくなるのは時間の問題と思われました。

一九五二年、米国の化学産業各社は一万二五〇〇トンのＤＤＴを海外へ販売しました。その後の何十年かはその三倍以上の輸出量を維持しました。そして一九七〇年にはＤＤＴ散布・蚊の繁殖場所の根絶・抗マラリア薬使用の拡大によって五億人以上がマラリア感染から逃れられるようになったと推定されています。しかし、それでも大きな流れとしては、ＤＤＴに耐え抜いた蚊が出現し、ＤＤＴは蚊を殺さず蚊を強化しただけでした。

米国民は、一九五五年には、毎日一八四マイクログラムのＤＤＴを摂取するなど、大量のＤＤＴまみれになっていました。生物蓄積したＤＤＴが人の健康にどのような脅威になるかわかりませんでしたが、多くの米国人は芝生の上で死んだ鳥が腐っていくのに気づき、次は人間の番ではなかろうかと不安にならざるを得ませんでした。

先進諸国では、毒性、とくに残留性のために、DDT製剤の製造、販売が禁止されました。DDTの没落に拍車をかけたのは、一九六二年に刊行されたレイチェル・カーソンの『サイレント・スプリング』でした。

DDTは一九六八年に使用が全面禁止になりました。

マラリアは、世界のたった一八カ国で撲滅されただけでした。これらの国は、先進国か、社会主義国か、島国でした。

『人類五〇万年の闘い　マラリア全史』の訳者夏目徹也さんは「訳者あとがき」で次のように述べています。

「(本書) から見えてくるものは、まず五〇万年の長きにわたって人類と蚊とを手玉に取り続ける、マラリア原虫の驚異的な技です。抗マラリア剤をたちまち無力化し、私たちの防御機能－免疫を巧みにすり抜けて、微塵も衰えることなく人類集団の中に居座り続ける様を見れば、薬剤耐性細菌の脅威などは単純なものに思えるくらいです。ことマラリアに関しては化学療法剤や殺虫剤などは一時的な気休めに過ぎず、人類は進化のレースにおいて原虫に取り返しがつかないほど遅れをとってしまっているのではないかとさえ思われます。

それでも、人類が戦争と貧困とを制圧できれば、マラリアの脅威は格段に後退するでしょう。……マラリアと対峙する人類にとって、戦争と貧困の放置は二大利敵行為なのです」

現在では、治療薬や殺虫剤の効かない耐性マラリアの増加が新たな課題となっているばかりでなく、温暖化による媒介蚊の生育地域拡大が懸念されています。また、マラリアを撲滅した先進国での復活の可能性もあります。

スリランカのDDT散布中止後のマラリア蘇り

スリランカでは、一九四八年から一九六二年までＤＤＴの定期散布を行い、それまで年間二五〇万を数えたマラリア患者の数を三一人にまで激減させることに成功していました。スリランカ政府は、一九六三年の時点でマラリアが撲滅されたと判断し、ＤＤＴ散布を止めました。これは米国発のＤＤＴ禁止運動とは無関係でしたし、スリランカではＤＤＴは禁止されていませんでした。感染者が少なくなったので予算節約のためだったのです。

ところが一九六八年と一九六九年第一四半期にはマラリア感染者は六〇万人にぶり返してしまったのです。

スリランカ政府はＤＤＴを再度使用しましたが、ＤＤＴを散布しても効果がなく、感染者は激増してしまいました。蚊はＤＤＴ耐性を獲得していたからです。そこで、スリランカ政府はＤＤＴの代わりにマラチオン（商品名マラソン）を散布することで感染者を減らしました。

「もしも……」ということですが、スリランカ政府がＤＤＴの定期散布を止めないで続けたら（いつまで続けるかもありますが）マラリアを撲滅できたかもしれませんし、ＤＤＴ耐性の蚊の増大で結局は感染者の増加になったかもしれません。

なお、二〇〇六年、ＷＨＯは「マラリア蔓延を防ぐため、流行地でのＤＤＴ使用を推奨する」という声明を発表しました。野生動物や人体へのリスクを最小限にするために「家の内壁や屋根にスプレーしておく」という方法を推薦しました。しかし、ＤＤＴ耐性の蚊に効果があるかどうかは疑問です。

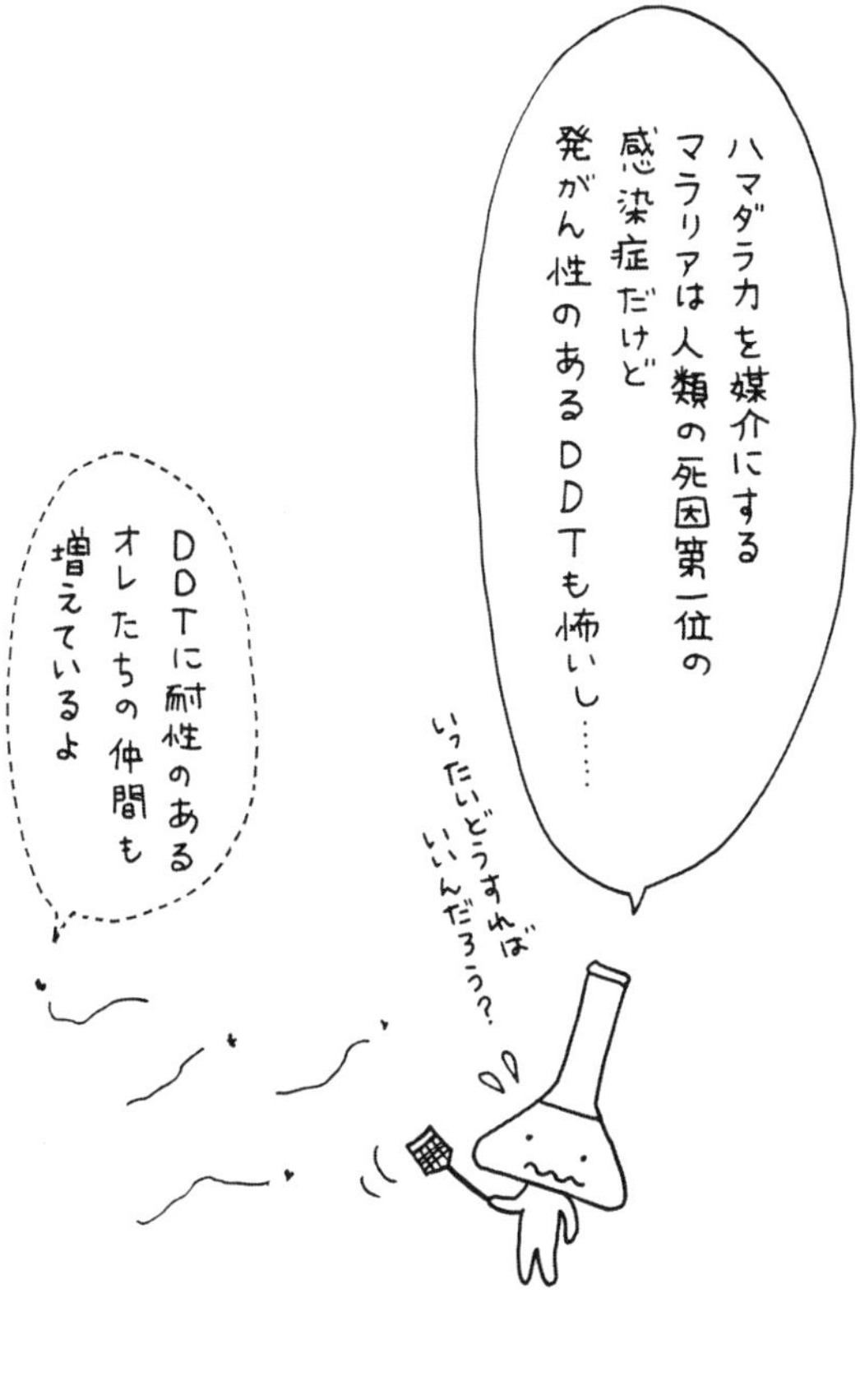
ハマダラカを媒介にするマラリアは人類の死因第一位の感染症だけど発がん性のあるDDTも怖いし……
いったいどうすればいいんだろう？
DDTに耐性のあるオレたちの仲間も増えているよ

笑気ガス（一酸化二窒素）の笑えない事態

窒素酸化物の中の一酸化二窒素（亜酸化窒素）

窒素の酸化物（窒素と酸素の化合物）には、一酸化二窒素、一酸化窒素、三酸化二窒素、二酸化窒素、五酸化二窒素があります。

高校化学の教科書には、主に一酸化窒素と二酸化窒素が説明されています。

たとえば、私が高校化学の教科書を執筆したときに、次のようにしました。

【窒素酸化物】

一酸化窒素 NO は、空気を高温にすると発生する。

$N_2 + O_2 \rightarrow 2NO$

一酸化窒素は無色の水にとけにくい気体である。空気中ですみやかに酸化され、二酸化窒素 NO_2 になる。

二酸化窒素は赤褐色の水にとけやすい気体で、特有の臭気があり、きわめて有毒である。

一酸化窒素と二酸化窒素はとくに自動車排ガスによる大気汚染で問題になります。高温の自動車エンジン内でガソリン蒸気と空気中の酸素を反応させてその爆発のパワーでエンジンを動かしますが、そのとき、空気中の窒素と酸素が結びついて一酸化窒素ができてしまいます。マフラーから外にだすときに触媒を使って窒素と酸素に分解しますが、分解できなかった残りの一酸化窒素は空気中で酸素と結びついて二酸化窒素になります。二酸化窒素は呼吸器に悪影響を及ぼしたり、酸性雨や光化学オキシダントの原因物質になります。

この項で注目するのは一酸化二窒素です。別名亜酸化窒素とも呼ばれる無色無臭の気体（ガス）です。

一酸化二窒素や亜酸化窒素といわれても味も素っ気もありませんが、「笑気ガス」となると、いかがでしょうか。なんか楽しげな雰囲気を持っていないでしょうか。

笑気ガスは、一七七二年、イギリス人の化学者ジョゼフ・プリーストリーが発見しました。このガスを吸うと顔面がけいれんして、まるで笑っているかのように見え、しかも吸った本人も軽く酔ったような感じになり楽しい気分になることから笑気ガスと名づけられました。当時はパーティーなどを盛り上げるために使用していました。

笑気麻酔の発見

一七九九年のこと、イギリスの化学者ハンフリー・デービーによって笑気ガスの麻酔作用が認められました。わが国では寛政十一年。伊能忠敬が蝦夷地の測量を行っていた時代です。デービーといえば、ボルタの電池を用いた電気分解でカリウム、ナトリウム、マグネシウム、カルシウムなど、次々と新しい元素を発見した化学者です。

笑気ガスを手術の麻酔にはじめて使ったのは、米国の歯科医ホーレス・ウェルズ。一八四四年に笑気麻酔による手術（自分自身の親知らずを抜歯）にはじめて成功しました。

しかし、ウェルズの行った笑気麻酔は笑気ガスを一〇〇％使うやり方で危険極まりなかったのです。その後笑気麻酔で患者がなくなることがありました。使用法としては、八〇％の亜酸化窒素と二〇％の酸素との混合ガスを使うなどして酸素を十分に与えないと、酸欠になってしまいます。

なお、ウェルズは一八四五年に笑気麻酔による手術を公開しましたが、失敗してしまいました。その後、彼は麻酔効果のあるクロロホルムにはまり、精神に異常をきたし、一八四八年に足をカミソリで切って自殺してしまいました。

麻酔剤としてはエーテルやクロロホルムなどのほうがずっと主流でした。

外科手術の麻酔剤として笑気ガスが本格的に使用されだすのは、むしろ第二次世界大戦後のことでした。酸素と混合して使うことができ、麻酔の程度を自由に変えられるという点が見直されたのです。というのも、エーテルのガスやクロロホルムのガスを吸わせると、麻酔が効きすぎてしまい、お産のときなどは自力で赤ちゃんが産めなくなることがあったからです。

日本で麻酔用に使われだすのは朝鮮戦争以降です。朝鮮戦争は一九五〇年六月二十五日、北朝鮮が韓国との境界だった北緯三八度線を越えて侵攻。韓国軍を米軍主体の国連軍が支援し、北朝鮮側には中国軍などが参戦しました。激しい攻防の末、一九五三年七月、米国、北朝鮮、中国の三国の署名で休戦協定が成立しました。このとき、米国の軍人負傷者が日本に運ばれてきて外科手術などを受けました。米軍から笑気ガスの生産要請があったものの、当時の日本の化学工業社はどこもつくっていませんでした。このことがきっかけで日本でも国産が始まりました。笑気ガスをつくるには、硝酸アンモニウムを熱分解する方法、アンモニアを酸化させながら生産する方法の二つがあります。

現在の笑気麻酔

笑気麻酔は、その麻酔効果上、笑気ガスを単独で用いるだけでは人を完全に麻酔にかけることができません。利点としては、鎮痛効果が高いので、他の麻酔薬と併用して鎮痛効果を期待する麻酔補助薬と位置づけられています。

しかし、肺動脈圧や脳圧を上昇させたり、投与後に低酸素症を起こしやすく、術後に悪心《おしん》・嘔吐症状を起こすこともあるなどの欠点もあり、現在では全身麻酔で他の麻酔剤を静脈注射して用いるようになり、笑気麻酔を使う割合は徐々に減っています。

歯科では、主に歯科治療に恐怖を感じている人などを対象として、意識を低下させて治療を行うための吸入鎮静法に用いられています。

笑気ガスは地球環境上で問題ガスだった！

笑気ガスは地球温暖化の原因となる温室効果ガスの一つです。しかも、オゾン層を破壊する二十一世紀でもっとも強力な気体であることが明らかとなっています。

ここでは温室効果ガスとしての一酸化二窒素を見てみましょう。

地球の温度は、太陽から供給される日射のエネルギーと、地表面や大気によって反射される熱放射とのバランスによって決まります。太陽からの可視光線を吸収して暖められた地表面は、赤外線を放射します。放射された赤外線は、すべて宇宙空間に放出されるわけではなく、一部は温室効果ガスによって吸収され、再び地表に向かって放出されるため、地表付近の大気が暖められます。

もし地球大気に温室効果ガスがまったくふくまれていなければ地球の表面の平均気温はマイナス一九℃と計算されています。実際は、一四℃ほどになっていますから、この差は三三℃もあります。温室効果により、本来の温度より三三℃も地表を暖かく保ってくれているのです。

地球大気の温室効果は主に水蒸気によるものですが、人間活動によってコントロールできませんから水蒸気を除いて考えます。水蒸気を除くと、温室効果ガスはその効果が高い順に、二酸化炭素、メタン、一酸化二窒素、各種フロン類となり、国際的に規制していく取り決めがなされています。

一酸化二窒素などは大気中に〇・〇四%をしめる二酸化炭素と比べるとかなり少量ですが、温室効果の能力はずっと高く、一分子あたりで比べた場合、メタンは二酸化炭素の二一倍、一酸化二窒素は三一〇倍、フロンは種類にもよりますが、一五〇〇〜八五〇〇倍とされています。

そこで排出量と温室効果の能力（二酸化炭素を基準にして、ほかの温室効果ガスがどれだけ温暖化する能力があるかを表した地球温暖化係数という数字）とを合わせて、二酸化炭素換算量で二〇一〇年の温室効果ガスのガス別世界排出量を数値化すると、二酸化炭素七六%、メタン一六%、一酸化二窒素六・二%、残りはフロン類などになります（ＩＰＣＣ〈気候変動に関する政府間パネル〉第五次評価報告書）。

一酸化二窒素は、土壌や海洋中にいる脱窒細菌の仲間が、生きるためのエネルギーを得るために窒素をふくんだ化合物やイオンを脱窒する過程でつくられます。

脱窒とは、たとえば、

硝酸イオン NO_3^- → 亜硝酸イオン NO_2^- → 一酸化窒素 NO
→ 一酸化二窒素 N_2O → 窒素 N_2

のように一段階ごとに酸素が除かれていく（還元されていく）ことです。

とくに農耕地には窒素肥料として硝酸アンモニウムや尿素などが多量に投入されていますので、一酸化二窒素が発生します。

牛豚や糞尿も一酸化二窒素発生のもとになります。牛はげっぷで温室効果ガスのメタンも直接放出しています。ペンギンの糞からも土壌の細菌によって一酸化二窒素を発生します。二〇二〇年五月に、デンマークの研究チームによって、南極近辺に生息するオウサマペンギン（キングペンギン）の糞から、一酸化二窒素が大量に排出されていることが分かったとする論文が発表されました。

研究者は、「数時間にわたりふんの堆積物のにおいを嗅ぎ続けると、完全におかしくなってしまう。気分が悪くなり、頭痛がしてくることもある」と述べました。さすがに笑気ガスです。

危険ドラッグに代わり笑気ガスが乱用される

笑気ガスは鎮痛効果があり、体からの心の解離が起こり浮遊感などが生じ、酩酊状態になります。

とくにイギリスで二〇一一年から「風船ガス」「シバガス」として乱用されるようになりました。笑気ガス入りのカートリッジから直接吸入したり、風船に移してから吸入する若者たちが現れました。

日本でも二〇一五年から規制の強まった危険ドラッグに代わり乱用されるようになりました。

世界的に窒息や死亡事故、半身不随になる事故などが発生し、規制されるようになりました。

日本では、「自転車のチューブ充塡用ガス用」などと目的を偽り販売されていました。二〇一五年十一月、危険ドラッグを密売目的で所持したとして、無職の男(三十七歳)が薬事法(現・医薬品医療機器法)違反容疑で逮捕されました。彼の自宅から、笑気ガスを充塡した小型ボンベ「シバガス」計八本が押収されました。

このような事態の中、二〇一六年二月に笑気ガスは薬機法の指定薬物となりました。指定薬物は、医療用など目的以外での販売や所持、使用が禁止されています。

こうして「笑うガス」は、地球温暖化をもたらす温室効果ガスだということがわかり、さらに薬物乱用にも用いられるという「笑えない事態」を引き起こしたのです。

『サイレント・スプリング』の衝撃

寓話が訴えかけること

レイチェル・カーソンの著書『サイレント・スプリング』（青樹簗一訳『沈黙の春―生と死の妙薬』新潮社　一九七四）は、米国で一九六二年に出版されました。

レイチェル・カーソン
（一九三七〜一九六四）

次は、その冒頭にある「明日のための寓話」の要約です。

アメリカの奥深くわけ入ったところに、ある町があった。生命あるものはみな、自然と一つだった。その町にはゆたかな自然があった。ところが、あるときから家畜や人間が病気になり、死んでいった。野原、森、沼地――みな黙りこくっている。まるで火をつけて焼きはらったようだ。小川からも、生命という生命の火は消えた。

ひさしのといのなかや屋根板のすき間から、白い細かい粒がのぞいていた。何週間まえのことだったたか、この白い粒が、雪のように、屋根や庭や野原や小川に降りそそいだ。

病める世界――新しい生命の誕生をつげる声ももはやきかれない。でも、魔法にかけられたのでも、敵におそわれたわけでもない。すべては、人間がみずからまねいた禍いだったのだ。

本当にこのとおりの町があるわけではない。だが、多かれ少なかれこれに似たようなことは起こっている。

これらの禍いがいつ現実になって、私たちにおそいかかるか――思い知らされる日がくるだろう。いったいなぜなのか。

『サイレント・スプリング』の概要と反響

カーソンの『サイレント・スプリング』は、いまや環境問題を語る際に欠かすことのできない古典の地位を獲得しています。

カーソンは、『サイレント・スプリング』で何を訴えたかったのでしょうか。

ここで簡単にその内容を要約的に紹介しましょう。

・おびただしい種類の合成化学物質（およそ五〇〇種類、その多くは農薬であった）が毎年新しく加わっているが、それらは、この地球を、すべての生命あるものにとって快適ではないものにしてしまうのではないか。

・当時、殺虫剤は日に日に強力になり、殺虫効果を高めつつあった。専門家は、農薬の効力に関心をもっても、その効果の全体像を考えるという見方を失いつつあった。

・第二次世界大戦前はヒ素化合物が大量に使われて、その毒性が問題になった。今、有機塩素系化合物や有機リン系化合物が、鳥や魚を殺し、人の神経系を冒し、ついには死をもたらす元凶になっている。

・農薬による地表水や地下水の汚染、地表や地中に直接まかれる農薬が、汚染を考える上で問題になるだろう。

・土壌に合成化学物質を施すことによって有益な生物種を殺すことになる。そのような破壊が生態系を乱し、さらには合成化学物質に殺されたアリを食べた野生生物もまた死に至る結果になる。

・土壌中の有機塩素系化合物が長期間にわたって残留すること、その残留物はそこで育った植物へ移行していく。

・人が合成化学物質にさらされたり、それを摂取したとき、個々の物質については安全基準内であっても、健康上問題になるのはそれらの複合的な影響である。また精神障害やがんは時が経ってからずっと後に現れるものである。

・殺虫剤に対して昆虫は数世代にわたって耐性を獲得し、その解決策が大量の農薬をさらに頻繁にまくことになっている。昆虫への合成化学物質の投与は水車のようなもので、いったん回り始めるともはや止めることができない。

・合成化学物質である殺虫剤を絶対に使ってはならないと主張しているのではな

い。よく効くけれども有毒な薬品が、その毒性について、ほとんど、もしくはまったく何も知らない人びとの手に無頓着に渡されている。これらの薬品が土壌、水、野生生物、そして人間自身に対して、どんな影響を及ぼすかを前もって調べることをせずに、それが使用されるがままにしている。政府はもっと厳しい行政措置を講じるべきである。

・毒性の高い合成化学物質に代わるものとして、もっと危険度の弱い合成化学物質（たとえばピレスリンなど）の使用を心がけると共に、生物学的防除法の使用など、別の多くの多様な方法を開拓しなければならない。

合成化学物質の生態系への影響懸念

カーソンは、細かなことによく気がつく科学者（海洋生態学者）であり、著述家でした。すでに『われらをめぐる海』（日下実男訳　早川書房　一九七七）などで美しい文体に定評があるベストセラー作家になっており、大いなる名声を博していました。

彼女は、米国魚類・野生生物局に勤めていたとき、戦後に開発された合成化学物質の予期しない影響に最初に気づいた野生生物学者や魚類学者たちと常に接触する機会がありました。彼らは、農薬が鳥や魚やそのほかの動物たちに対して予期せぬ影響を与えることに気づいていました。そして、農薬の有害な影響は、環境問題を扱っている人びとにはよく知られていました。

カーソンは、その責任感から「農薬をテーマとする何かを書かなくてはならない」と思っていました。

そして、彼女は『サイレント・スプリング』を書きあげました。

その刊行からおよそ四半世紀後、米国化学会環境改善委員会農薬部会の委員らが書いた『「サイレント・スプリング」再訪』（化学同人訳　一九九一）という本が出版されました。『サイレント・スプリング』後にカーソンが指摘していたことがどうなってきたかを実証的に解き明かそうとしています。

その著作を参考にしながら、『サイレント・スプリング』の影響を見ていくことにしましょう。

『サイレント・スプリング』以前の米国の経済界や政界の有力者たちは、生態学者は実際的ではなく幻想を抱いている人びとであると、そこからの勧告を退けてきました。ところが、カーソンはそのような姿勢の政府の最高権力者にも届くような影響力をもっていたので、生態学は生物や私たち自身の健康にとって極めて大切だという考えに耳を傾け始めました。もちろん、一般の人びとも同様でした。彼女は、海に関する著作を通して、科学者と著述家の両方の才能を備えているという評価を得ていたことも強みだったでしょう。

一部の薬品会社やその関連会社は、実にヒステリックな反応を示しました。『サイレント・スプリング』の内容への感情的な非難、カーソンは非科学的で感情的な論争家だとする侮辱などなど。農薬工業界やその取引業界はパンフレットや小冊子を洪水のように刊行し、農薬の壊されたイメージを擁護し、修復するのに躍起でした。

わが国でもダイオキシン問題などで同様な様子が見られます。ダイオキシン問題を空騒ぎとする一部の科学者は、『サイレント・スプリング』を「悪魔の書」と呼んでいます。

もちろん、カーソンの指摘はすべてが正しかったわけではありません。鳥は今も歌い、私たちの寿命は以前より長くなっています。

それでも『サイレント・スプリング』で非常に否定的に書かれていたＤＤＴ、アルドリン、ディルドリンなどは、その使用が禁止もしくは厳しく制限されるようになりました。

一九六二年と比べて、一九八三年には有機塩素系農薬の生産は三分の一以下に減りました。その結果、いろいろな種類の鳥類、哺乳類、魚類、は虫類の生育が回復してきており、その数が増えはじめました。

産業界は、持続性が少なく、また生体内に蓄積しない農薬の生産を目指しました。合成殺虫剤による病害虫防除を取り止めることなく、野生生物の保護にも注意を払うという道は厳しいものがありますが、その努力は今も続けられています。

日本の第一世代農薬の教訓

わが国でＤＤＴ、パラチオン、酢酸フェニル水銀（水銀剤）、ペンタクロロフェノール（ＰＣＰ）などが野放しで使われていた時代がありました。

パラチオンはＤＤＴと並ぶ第一世代殺虫剤のもう一方の旗頭的な存在でした。有機リン系殺虫剤で、「ホリドール」などの商品名で広く使われました。とくにイネの害虫ニカメイガ（ニカメイチュウ）への特効薬でした。しかし、人や哺乳類・鳥類・昆虫・水棲動物に対する毒性が非常に高く、散布中あるいは誤用による中毒事故が多く、わが国では毎年四〇人ほどが死亡していました。私は、子どものころ、農業をやっていた親に「パラチオンがまかれた田んぼに近づくな」といわれていました。パラチオンは一九七一年に失効となっています。

酢酸フェニル水銀は、イネの大敵イモチ病に卓効を示すため、一九五四年ごろから日本独特のやり方として全国的に使用されました。ちょうどそのころ水俣病の原因がメチル水銀であることが断定されました。酢酸フェニル水銀は、水俣病の原因にはなりませんでしたが、微量ながらも一部がコメに移行することを考慮して、非水銀系殺菌剤へと一九六八年に全面切り替えられました。

ＰＣＰは、水田用除草剤として水田の主要雑草のヒエに卓効があると一九六〇年代に多用されました。しかし、魚介類への毒性が強く、有明海や琵琶湖で思わぬ被害を与えました。ホタルやトンボの減少には他の要因もありますが、川ではホタルのエサとなる貝類が激減したことで、エサを失ったホタルが絶滅に向かうことになりました。トンボの幼虫ヤゴのエサになる魚が減ることでトンボにも影響がでて、都市部から姿を消していきました。

ＰＣＰは、現在ではほとんど使われていませんが、川から流れ込んだものが海底に積もり、それがもとで魚が不純物としてふくまれたダイオキシンに汚染されるともいわれています。

こうした第一世代の農薬からの数々の教訓で、人間にやさしく環境にも配慮した農薬へ変わっていきました。しかし、まだ残された大きな問題点の一つとして、標的生物の薬剤耐性（抵抗性）があります。同種類の農薬の連用を避け、働き方の異なる薬剤を組み入れ、時には生物農薬なども活用することが必要になっています。

日本の第一世代農薬からの脱却には、『サイレント・スプリング』が示した考え方が底に流れていたといえるでしょう。

おわりに

二〇二〇年八月四日に、レバノン・ベイルートの港湾地区で死者二二〇人以上、六〇〇〇人以上が怪我をし、三〇万人以上が家を失ったと推計された大規模な爆発が起きました。本書に紹介するのは紙数の関係で無理だったので、こちらに少し紹介しておきましょう。

現場となった倉庫には、硝酸アンモニウムおよそ二七五〇トンが安全対策が不十分なまま六年にわたり保管されていました。硝酸アンモニウムは化学肥料としても使われる一方で、爆薬にも使われています。この大量の硝酸アンモニウムが今回の大規模な爆発の原因とみられています。

繰り返しますが、硝酸アンモニウムは主に肥料として使われますが、一部は爆薬に使われています。硝酸アンモニウム九五％と燃料油五％を混ぜたものはアンホ爆薬、硝酸アンモニウムと水などを混ぜた含水爆薬は、大きな爆発力を持っていて、鉱山や建設で使われているのです。

硝酸アンモニウム系の爆薬は、適切に扱えば非常に安全だと考えられていますが、これまでにも、不適切な操作やテロリストに利用されて数多くの大事故が起こっています。

たとえば、一九四七年のテキサス州テキサスシティの港で貨物室に硝酸アンモニウムの紙袋を積み込んでいたときに火事が起きました。火の勢いを弱めようとハッチを閉めたところ、ＰａｒｔⅡの爆発踏切の話で述べたように危険な閉鎖系に近くなり、高温・高圧がつくりだされる条件になってしまったのです。硝酸アンモニウムの爆発によって、最終的に五八一人が死亡、五〇〇〇人以上が負傷する大惨事となってしまいました。その他、テロリストによる硝酸アンモニウム爆弾の事件が時々起こっています。


本書と本書の姉妹書『面白くて眠れなくなる化学』には私の体験談も入れました。小中学生のときに理科が好きになったことがきっかけでこれまでいろいろな体験をしてきたからです。

中学三年のとき、二つの試験管に入っている無色の水溶液を混ぜ合わせるとパッと白く濁って沈澱ができる実験をしました。現在の中学理科では学びませんが、炭酸イオンとカルシウムイオンが結びついて炭酸カルシウムの沈澱ができる実験です。

そんな地味な化学変化でも私は魅せられて、工業高等学校工業化学科に進みました。高校では週に一日、朝から夕方まで実験をする実習の日が楽しくて、さらに学ぼうと大学の教育学部で化学教室に入りました。そして大学院の化学講座を修了して中高の理科の教員になりました。

本書にも『面白くて眠れなくなる化学』でも折に触れて、理科の教員時代に授業で扱った化学実験の話を入れてあります。私は、文部科学省検定済中学理科教科書の編集委員・執筆者を長らくやってきたのですが、自分が授業でやってみて学習効果が高かった実験を教科書に入れたりもしてきました。しかし、ＰａｒｔⅠの最初で紹介したナトリウムと塩素の化学反応は危険性があるからと教科書に入れることができませんでしたが、私の授業ではやって見せました。

中高理科教員の後、大学教員に転じましたが、専門が理科教育ということもあって、定年になった今も時々子どもたちに実験や授業をしています。これを書いている数日後には、酢で卵の殻を溶かしてぷよぷよ卵づくりやカルメ焼きづくりをする子ども向けの動画を撮影する予定です。

時々、小学校で理科授業をしています。ドライアイスを使った授業、ネオジム磁石を使った授業、水素の爆発を体験する授業です。また大学では学校理科をどう教えるかという理科教育法という講義を持っています。時には市民向けの講師もします。生の（対面の）講義で伝えるような「語り」で、本を書けるといいなと思っています。未だ道半ばですが、読者の皆さんが、いくぶんでも「語り」を聞くような怖い（＋楽しい）気持ちで読んでいただけたら幸いです。

最後になりましたが、本書の企画・編集に努めていただいたＰＨＰエディターズ・グループ書籍編集部、編集長の見目勝美さんに感謝申し上げます。

二〇二〇年八月　左巻健男

参考文献

左巻健男『中学生にもわかる化学史』筑摩書房　二〇一九年
左巻健男『面白くて眠れなくなる化学』ＰＨＰエディターズ・グループ　二〇一二年
左巻健男『面白くて眠れなくなる元素』ＰＨＰエディターズ・グループ　二〇一六年
重松栄一『化学　物質の世界を正しく理解するために』民衆社　一九九六年
国立天文台編『理科年表　Ｈ27年』丸善出版　二〇一四年
左巻健男・石島秋彦・山本明利・西潟千明『理科の実験　安全マニュアル』東京書籍　二〇〇三年
テオ・グレイ著　高橋信夫訳『Mad Science―炎と煙と轟音の科学実験54』オライリージャパン　二〇一〇年
『RikaTan（理科の探検）』誌二〇一四年秋号（通巻一二号）　発行所：ＳＡＭＡ企画
池田圭一『失敗の科学―世間を騒がせたあの事故の〝失敗〟に学ぶ』技術評論社　二〇〇九年
小島正美『アルツハイマー病の誤解―健康に関するリスク情報の読み方』リヨン社　二〇〇七年
稲山ますみ・大矢勝共編著　左巻健男監修『石けん・洗剤１００の知識』東京書籍　二〇〇一年
電気化学会編『電池はどこまで軽くなる？』丸善出版　二〇一三年
「二又トンネル爆発事故」フリー百科事典『ウィキペディア（Wikipedia）』
門奈弘己『化学災害』緑風出版　二〇一五年
門奈弘己『化学防災読本―化学災害からどう身を守るか』緑風出版　二〇一七年
ジョンＧ・フラー　野間宏監訳『死の夏―毒雲の流れた街』アンヴィエル　一九七八年
緑風出版編集部編『高速増殖炉もんじゅ事故』緑風出版　一九九六年
「大久野島の毒ガス製造」フリー百科事典『ウィキペディア（Wikipedia）』
早乙女勝元・岡田黎子編『母と子でみる毒ガス島』草の根出版会　一九九四年
左巻健男「次亜塩素酸水とは何か　空間除菌は可能なのか」ＷＥＢ論座　朝日新聞社　二〇二〇年
https://webronza.asahi.com/national/articles/2020061500001.html?page=1
ソニア・シャー　夏野徹也訳『人類五〇万年の闘い　マラリア全史』太田出版　二〇一五年
「ＵＰＳ航空6便墜落事故」フリー百科事典『ウィキペディア（Wikipedia）』
岩谷産業株式会社編『ガス―知られざる素顔』実業之日本社　一九八二年
レイチェル カーソン　青樹簗一訳『沈黙の春』新潮社　一九七四年
Ｇ・Ｊ・マルコ他編　波多野博行監訳『「サイレント・スプリング」再訪』化学同人　一九九一年
長山淳哉『ダイオキシンは怖くないという嘘』緑風出版　二〇〇七年

著者略歴

左巻健男　さまき・たけお

東京大学講師（理科教育法）。「理科の探検（RikaTan）」誌編集長。

一九四九年生まれ。埼玉県公立中学校教諭、東京大学教育学部附属中・高等学校教諭、京都工芸繊維大学教授、同志社女子大学教授、法政大学生命科学部環境応用化学科教授・法政大学教職課程センター教授を経て現職。理科教育（科学教育）、科学リテラシーの育成を専門とする。おもな著書に『おもしろ理科授業の極意：未知への探究で好奇心をかき立てる感動の理科授業』（東京書籍）、『暮らしのなかのニセ科学』『学校に入り込むニセ科学』（以上、平凡社新書）、『面白くて眠れなくなる物理』『面白くて眠れなくなる化学』『面白くて眠れなくなる地学』『面白くて眠れなくなる理科』『面白くて眠れなくなる元素』『面白くて眠れなくなる人類進化』『怖くて眠れなくなる地学』（以上、ＰＨＰエディターズ・グループ）、『身近にあふれる「科学」が3時間でわかる本』『身近にあふれる「微生物」が3時間でわかる本』（以上、明日香出版社）など多数。

怖くて眠れなくなる化学

二〇二〇年十月八日　第一版第一刷発行

著　者　左巻健男
発行者　清水卓智
発行所　株式会社ＰＨＰエディターズ・グループ
〒一三五－〇〇六一　江東区豊洲五－六－五二
☎〇三－六二〇四－二九三一
http://www.peg.co.jp/
発売元　株式会社ＰＨＰ研究所
東京本部　〒一三五－八一三七　江東区豊洲五－六－五二
普及部　☎〇三－三五二〇－九六三〇
京都本部　〒六〇一－八四一一　京都市南区西九条北ノ内町一一
ＰＨＰ　ＩＮＴＥＲＦＡＣＥ　https://www.php.co.jp/
印刷所
製本所　図書印刷株式会社

　ISBN 978-4-569-84750-4

PHPエディターズ・グループ◎左巻健男の本

面白くて眠れなくなる物理	面白くて眠れなくなる理科	面白くて眠れなくなる元素
透明人間は実在できる？　空気の重さはどれくらい？　氷が手にくっつくのはなぜ？　身近な話題を入り口に楽しく物理がわかる一冊。	オオカミに育てられた少女がいた⁉ ゴキブリに洗剤をかけると死ぬのはなぜ？　身近な話題を入り口に楽しく理科がわかる一冊。	累計70万部突破のベストセラーシリーズ！　身近な物質、話題を入り口に、元素の面白さや奥深さを伝える一冊。
定価 本体1,300円（税別）	定価 本体1,300円（税別）	定価 本体1,400円（税別）